基于精细化风暴潮数值模拟的
防潮堤岸选址自动优化设计研究

刘 行　王静菊　著

中国海洋大学出版社

·青岛·

图书在版编目（CIP）数据

基于精细化风暴潮数值模拟的防潮堤岸选址自动优化
设计研究／刘行，王静菊著 . —青岛：中国海洋大学出版社，
2024.8

ISBN 978-7-5670-3802-8

Ⅰ . ①基… Ⅱ . ①刘… ②王… Ⅲ . ①海塘 – 防浪工
程 – 设计 – 研究 Ⅳ . ① U656.31

中国国家版本馆 CIP 数据核字（2024）第 049451 号

JIYU JINGXIHUA FENGBAOCHAO SHUZHI MONI DE FANGCHAO DI'AN
XUANZHI ZIDONG YOUHUA SHEJI YANJIU

基于精细化风暴潮数值模拟的防潮堤岸选址自动优化设计研究

出版发行	中国海洋大学出版社
社　　址	青岛市香港东路 23 号　　邮政编码　266071
网　　址	http：//pub.ouc.edu.cn
出 版 人	刘文菁
责任编辑	赵孟欣　　　　　　电　　话　0532-85901092
电子信箱	2627654282@qq.com
印　　制	青岛国彩印刷股份有限公司
版　　次	2024 年 8 月第 1 版
印　　次	2024 年 8 月第 1 次印刷
成品尺寸	170 mm×240 mm
印　　张	7
字　　数	119 千
印　　数	1—1000
定　　价	50.00 元
审 图 号	GS鲁（2024）0052 号
订购电话	0532-82032573（传真）

发现印装质量问题，请致电 0532-58700166，由印刷厂负责调换。

前　言

　　防潮堤岸是沿海城市防灾体系的重要组成部分。防潮堤岸的选址需要综合考虑风暴潮的水动力条件、防护区域的地形地貌、生态保护要求、景观效果等多方面因素，寻求最优化的方案。然而，目前防潮堤岸的选址设计主要依赖人工经验和试验数据，缺乏科学的自动优化方法，设计效率相对低下。

　　为了解决这一问题，本书提出了一种基于精细化风暴潮数值模拟的防潮堤岸选址自动优化设计方法。首先利用高分辨率的数值模型模拟了不同风暴潮情况下的水位、流速等水动力参数，分析了风暴潮对围填海区域的影响；然后，根据防潮堤岸的功能要求和设计原则，建立了防潮堤岸选址优化设计的目标函数和约束条件；最后，采用遗传算法作为自动优化工具，对防潮堤岸选址和高程开展了优化，并对优化方法效果进行了评估。

　　本书的撰写得到了诸多师长和同事的帮助，在此特别鸣谢中国海洋大学的江文胜教授、杨波教授，美国北卡罗来纳州立大学John Baugh教授，Fatima、Tristan和Alper博士等为实验开展和逻辑构思提供的宝贵建议。此外，还要感谢海南省自然科学基金（422RC718，2021JJLH0022），海南热带海洋学院科研启动项目（RHDRC202006）的资助。

1

本书中所采用的部分方法和技术仍然较为初级，作者也一直在对优化算法和评估方法进行更新与调整，但因时间仓促，尚未完全将最新的内容展现到本书中。书中难免存在不足甚至错误之处，欢迎各位读者来信讨论、批评和指正。

刘　行

2024年1月

摘　要

我国有着超过18 000 km长的海岸线，是世界上受到台风风暴潮影响最严重的国家之一，从北到南分别受到寒潮大风引发的风暴潮、温带气旋引发的风暴潮和台风风暴潮的影响。近20年来风暴潮灾害每年都造成我国沿海地区数十亿甚至上百亿的直接经济损失和难以计数的间接经济损失以及人员伤亡，其中90%以上的直接经济损失由台风风暴潮造成。维护海岸生态系统和建设防潮堤岸等方法有助于减少风暴潮漫滩造成的危害，其中建设防潮堤岸是比较立竿见影的方法。国内外有很多学者从工程建设的角度为防潮堤岸建设提供了理论基础，但这些研究主要还是围绕"怎么建"的问题。对于"在哪建"的问题则很少有学者进行研究。

本书则聚焦这一问题，开展了面向海岸工程设计的精细化风暴潮数值模拟研究，主要针对沿海区域风暴潮增水精细化分布情况展开讨论，改进了在局部条件改变的情况下可快速计算风暴潮漫滩的子域法，并开发了一套基于风暴潮数值模式和遗传算法的优化海堤的建设位置和高度的方法，可为防潮堤岸设计领域提供参考。

研究内容分为三个部分。第一部分是以我国广东湛江湾地区为例，研究台风参数对于湛江湾地区风暴增水分布的影响机制，并指出将风暴潮模式和遗传算法结合起来的必要性。研究表明，在像湛江湾一样地形复杂水深较浅

1

的浅海海湾中，风暴潮增水高度呈现不均匀的空间分布，这种空间分布形态主要受局地作用控制，且随台风路径和强度的变化而改变。就湛江湾而言，风暴潮强度最大的是E—W型风暴潮，其最大增水呈现自西向东增高的分布形态，湾内最大增水高度一般出现在西南部和西北部；S—N型风暴潮稍弱于E—W型，其最大增水呈现自南向北增高的分布形态，湾内最大增水高度一般出现在北部；N—S型强度最弱，湾内增水梯度比较平缓，最大增水高度出现的位置在南部。最大增水高度不均匀分布主要受局地风场的风向影响。但台风的强度也会影响其空间分布形态，其中风速的影响最强。湾内增水量则主要由区域外的风暴潮决定，但局地风场对增水量的影响也不容忽略。除了风场以外，海堤的建设也会对风暴增水的分布造成影响，对不同分布形态的风暴潮影响是不一致的。总体来说，海湾西南部拦海大堤的修建使得湾内不同区域的平均最大增水高度提升了1~8 cm。风暴潮增水局地分布随台风特性的改变而改变，提醒我们用可能最大风暴潮模拟的方法无法全面刻画湾内的灾情；海堤的建设对风暴增水分布的影响使我们意识到海堤的修建与风暴潮增水强度间存在着动态的联系，仅以当前情况下计算的极值水位来确定海堤的建设高度是不够合理的；湾内风暴增水存在巨大水位梯度说明以少数几个验潮站的数据不能描述湾内的整体情况，数值模型的结果必须被纳入考虑范围。

第二部分主要解决的是如何利用嵌套网格技术快速进行多情境风暴潮模拟的问题，这是风暴潮模式与遗传算法有效结合的关键。使用网格嵌套技术能有效提升风暴潮模式的计算速度，但这样的方法势必会牺牲准确度，因此，使用高准确度的嵌套方法对于本书中的模型来说至关重要。这部分对传统水位开边界方法、传统子域模拟方法和高分辨率数据重建方法等多情境模拟方法进行了对比研究，并指出了各方法的优势与劣势及影响其优劣的主要因素。其中，全包围式的边界相对于非全包围的开边界在重模拟准确度方面有巨大的优势，这主要体现在对外网格中固壁边界的处理上。除此之外，精确的流速和干湿状态也能提升使用子域模拟方法重模拟的准确度，但干湿状态所起到的作用比较微小。较小的各状态的采用时间间隔对于子域模拟非常重要，但并不是时间分辨率越高越好，在使用子域模拟方法时，我们推荐使用1 min左右的采样间隔来驱动子域。子域范围的扩大也能提升准确度。实验表明，半径0.6°的圆形子域已经可以提供足够准确的结果。高分辨率数据重建方法可以有效提高现有数据的利用价值，使用该方法相对于使用开边界方法优势非常明显，实验结果显示使用30 min采样间隔的数据重建方法优于使用1 min采样间隔的水位开边界方法驱动子域模拟的结果。使用30 min采样间隔的数据重建方法大致与使用10 min采样间隔的传统子域模拟方法驱动子域的准确度接近。该方法相对于传统子域模拟方法来说更为灵活，可以在有水位和流速数据存在的情况下任意选择边界所在位置而不用重新计算全域。对于数据重建方法来说，水位的采样间隔比流速的采样间隔更重要。

在前两部分的基础上，我们使用利用Python语言将遗传算法和ADCIRC数值模式结合起来以利用计算机对海堤设计进行自动优化。两者结合的结果令人满意，实验结果表明，这种方法可以通过对模式计算结果的处理自我优化并设计合理的海堤建设位置和高度。本书还对比了多种策略对优化进程的影响。其中，片段化策略是根据海堤设计这一特定问题提出的用于减小计算量的方法，该方法通过固定部分基因的组合成功地降低了优化所需的计算量。精英选择策略通过影响基因重组过程有效提高了优化的收敛速度。模拟退火策略则通过对种群的多样化施加影响以影响遗传过程的发展。但这种影响不一定是良性的，而是与研究者使用的模拟退火的各项参数有关，参数中变异率较高容易引起算法发散。对于权重系数的实验表明，降低区域内的损失权重系数会使计算结果偏向保守，权重系数不同设置会使算法朝不同的方向优化。因此，实际工程设计中，计算域中各地区权重系数的赋值需要仔细考虑。

关键词：风暴潮模式　子域模拟　遗传算法　海堤设计方案优化　湛江湾

Abstract

China has a coastline of more than 18,000 km long and is one of the countries most affected by typhoon storm surges in the world. From north to south, it is affected by storm surges due to winter storms, extratropical cyclone and typhoons. In the past 20 years, storm surge disasters have caused tens of billions of direct economic losses, incalculable indirect economic losses and casualties in China's coastal areas every year. More than 90% of those direct economic losses were caused by typhoon storm surges. The maintenance of coastal ecosystems and the construction of coastal disaster prevention measures can help to reduce the damage caused by storm surges, and the construction of coastal disaster prevention facilities is an immediate method. Many scholars at home and abroad have provided theoretical foundations for the construction of disaster prevention facilities such as seawalls from the perspective of engineering construction, but these studies mainly focus on the problems of how to build a facility instead of where to build. This paper mainly discusses the distribution of storm surge water in coastal areas with very fine resolution and improves the sub-domain method for quickly calculating storm surge floodplain under the condition of local conditions change, and develops a set of storm surge numerical models incorporate with genetic algorithms. The method of optimizing the construction location and height of the seawall can provide a reference for the design of coastal disaster-prevention engineering.

We divide the research into three parts. The first part is to study the influence mechanism of typhoon parameters on the distribution of stormwater increase in Zhanjiang Bay, Guangdong Province. According to the research conclusion, we point out that it is necessary to combine the storm surge model and the genetic algorithm for levee design. Our study shows that in shallow sea bays with shallow water depth like Zhanjiang Bay, the storm surge water height unevenly distributes in space. This spatial distribution pattern is mainly controlled by local effects, and changes with the change of typhoon path and intensity. As far as Zhanjiang Bay is concerned, the most intense category of storm surge is the E—W category storm surge. In this category, the maximum surge height increases from the west to the east. The maximum surge height in the bay generally occurs in the southwest and northwest. The S—N category storm surge is weaker, whose maximum surge height increases from the south to the north. The N—S category is the weakest, in which the maximum surge height increases from the north to the south, and the maximum surge gradient is relatively flat. The uneven spatial distribution of the maximum water increase is mainly caused by the wind direction of the local wind field, but the intensity of the typhoon also affects the pattern. The increase in water in the bay is mainly dominated by the storm surge outside the region, but the impact of the local wind on the water increase cannot be ignored. In addition to the effect of the wind, the construction of the seawall will also affect the surge distribution, and its impact on storm surges of different distribution patterns is inconsistent. In general, the construction of the levee in the southwestern part of the bay has increased the average maximum surge height in different areas of the bay by $1\sim8$ cm. This reminds us that the probable maximum storm surge simulation method cannot fully describe the possible disasters in the bay, and there is a dynamic relationship between the construction of the storm surge and the intensity of the storm surge. It

2

is not reasonable to design a seawall only by the current recurring value of water level. There is a huge water level gradient in the stormwater increase in the bay. Therefore, station data does not describe the overall situation within the bay well, and the results of the numerical model must be taken into account.

The second part mainly shows how to use nested grid technology to quickly carry out multi-scenario storm surge simulation, which is the key to the effective combination of the storm surge model and the genetic algorithm. Using grid nesting techniques can effectively increase the speed of storm surge model calculations, but such methods are bound to sacrifice accuracy, which is critical to our model. In this part, we compare the multi-scenario simulation methods such as the traditional water-level open boundary method, the traditional subdomain modeling method and the resolution recovery approach, and point out the advantages and disadvantages of each method and the main factors affecting them. Results show that the fully enclosing boundary has a huge advantage in terms of re-simulation accuracy relative to the non-fully enclosing open boundary, which is mainly reflected in the processing of the solid-wall boundary in the outer mesh. In addition, the precise flow velocities and wetting/drying conditions can also improve the accuracy of the simulation using the subdomain modeling method, but the wetting/drying states play a minor role. The smaller time interval of each state is very important for subdomain modeling, but it is not recommended to use higher sampling interval than 1 min to drive the subdomain. The expansion of the subdomain region also improves accuracy, and our experiments show that circular subdomains with a radius of 0.6° already provide sufficiently accurate results. The resolution recovery approach can effectively improve the utilization value of the existing data. The advantage of using this method relative to the open boundary method is very obvious. Our experimental results show that the data reconstruction method using 30-min sampling interval acts better than the open boundary method using 1-min sampling interval. The results from the resolution recovery approach using the 30-

min sampling interval are roughly close to those of the conventional subdomain modeling method using a 10-min sampling interval. This method is more flexible than the conventional subdomain modeling, and users can arbitrarily select the position of the boundary without recalculating the whole domain in the presence of water elevation and flow velocities data. For resolution recovery approach, the sampling interval of the water level is more important than the sampling interval of the flow velocities.

Based on the first two parts, we used the Python language to combine the genetic algorithm with the ADCIRC numerical model to automatically optimize the seawall design using a computer. The results of the combination of the two are satisfactory. The experimental results show that this method can self-optimize the design of the model calculation results and design a reasonable seawall. We also compared the impact of multiple strategies on the optimization process. Among them, the fragmentation strategy is a method for reducing the amount of calculation according to the specific problem of seawall design, which successfully reduces the amount of calculation required for optimization. The elitism strategy effectively improves the convergence speed of optimization by influencing the process of genetic recombination. The simulated annealing strategy maintains the benign development of the genetic process by exerting an influence on the diversity of the population. Experiments on the weight coefficients show that reducing the loss weight coefficient in the region will make the calculation result conservative, and different weight coefficient settings will lead the algorithm to different directions. Therefore, in the actual engineering design, the assignment of the weight coefficients of each region in the calculation domain needs careful consideration.

Keywords: storm surge model, subdomain modeling, genetic algorithm, seawall design optimizing, Zhanjiang Bay

目 录

CONTENTS

1 引言

1.1 研究的背景和意义

1.1.1 风暴潮灾害简介

风暴潮,又称风暴增水、风暴海啸、气象海啸或风潮,是一种由剧烈的大气扰动引发的海面异常升高或降低的复杂现象。风暴潮的形成是一个综合过程,包括多种动力和物理过程的相互作用,涵盖由低压系统(如热带气旋或温带气旋)引起的风暴潮以及由寒潮大风引起的风暴潮。值得注意的是,寒潮大风引起的风暴潮主要分布在中高纬度地区,例如我国的黄渤海地区(冯士筰,1982)。

作为一个海岸线长 18 000 多千米的国家,我国的海岸沿线从北到南都受到大风寒潮、温带气旋和台风引起的风暴潮的影响,这使得我国一直以来都是风暴潮灾害最严重的国家之一。特别值得关注的是,由热带气旋引发的风暴潮,也被称为台风风暴潮,对我国造成的经济损失最为巨大。根据 Shi 等(2015)的研究,风暴潮灾害中超过 95% 的人员伤亡和经济损失都是由台风风暴潮引起的。因此,在本书中,我们选择台风风暴潮作为主要的研究对象。

在后续的章节中,除非特别指明,"风暴潮"一词将指代由台风(在美国被称为飓风)引起的去除潮汐信号后的水位变化过程。台风风暴潮的增水主要由两个方面引起:一是由气旋中心的低压引发的水面抬升,二是由风应力引发的海水堆积(Feng,Jiang 和 Bian,2014;Lowe,Gregory 和 Flather,2001;Wang 等,2008;Wells,1977)。其中,在外海深水地带,由低压造成的水面抬升具有相对重要的影响,而靠近陆地以后,其增水高度则受风造成的海水堆积影响更深(冯士筰,1982;Wang 等,2012;Brown,Bolaños 和 Wolf,2013;Liu 等,2018)。

登陆袭击的台风风暴潮的过程曲线按照增水特征一般可以分为三个阶段。第一阶段是台风离登陆点尚远时,可以观测到近岸较缓慢的增水过程,即所谓"先兆波"阶段。第二阶段是台风逼近或过境时,风暴增水迅速增大,并出现最大增水值,持续时间较短,一般只有几小时,即所谓"主振"阶段。由于迅速而较

1

大的水位增幅,主振阶段也往往是风暴潮致灾的主要阶段。在台风过境后,风暴增水迅速下降,并反复震荡,逐渐趋近平缓,即"余振"或"阻尼振荡"阶段,是为第三阶段。

风暴潮的强度受到多个因素的综合影响。其中,台风最大风速半径、中心气压、最大风速、风向、移行速度和台风路径等参数对风暴潮的形成与发展具有重要作用(Jordan 和 Clayson,2008)。受影响地区的地形坡度、海岸形状、地表植被等地理环境因素也与风暴潮密切相关(Morang,1999;Hu,Chen 和 Wang,2015;Sheng,Zhai 和 Greatbatch,2006;Weaver 和 Slinn,2010;Feng,Jiang 和 Bian,2014;Martinsen,Gjevik 和 Röed,1979;Jordan 和 Clayson,2008;Liu 等,2018)。此外,风暴潮与天文潮之间的相互作用对于风暴潮的形成和发展具有重要影响(Xu 等,2010;Brown,Bolaños 和 Wolf,2013;Prandle 和 Wolf,1978)。最后,波浪辐射应力对于近岸风暴潮水位也具有显著的影响(Resio 和 Westerink,2008;Wamsley 等,2010)。

令人感到担忧的是,由于全球气候变暖,尽管台风频次有减少的趋势,但是其强度有增加的趋势,叠加海平面上升的态势将使得风暴潮成为更加严重的问题(Cai 等,2009;McInnes 等,2003;Lowe,Gregory 和 Flather,2001;Irish 等,2010;Lin 等,2012;Li 和 Li,2011)。因此,对于风暴潮的深入研究和有效应对具有重要意义。

在特定情况下,风暴增水可以达到极高的水位。例如,2005 年美国新奥尔良的卡特琳娜飓风引发的风暴潮过程(Fritz 等,2007)以及 1970 年孟加拉湾博拉气旋引起的风暴潮(Das,1972;Karim 和 Mimura,2008)的极值水位可达 9 米甚至更高。风暴潮对沿海居民的生命安全构成了巨大威胁。风暴潮灾害对沿岸地区造成了广泛的损失,包括人员伤亡、沿海工程损失、工业损失、农业损失、渔业损失、生态破坏和海岸侵蚀等(马志刚等,2011;Cai 等,2009)。

有记录以来造成人员伤亡最多的风暴潮是 1970 年孟加拉湾博拉气旋引发的,导致 30 万至 50 万人死亡(Heltberg 和 Bonch-Osmolovskiy,2011;Shamsuddoha 和 Chowdhury,2007;Lagmay,2015)。而进入 21 世纪,2008 年 5 月缅甸发生的纳吉斯风暴潮造成超过 13.8 万人死亡,成为 2000 年以来造成最多人员伤亡的风暴潮事件(Fritz 等,2009)。2013 年,菲律宾遭受台风海燕带来的风暴潮,造成超过 6 000 人死亡(Lagmay 等,2015)。除了人员伤亡外,风暴潮还对沿岸的公共设施和私人财产造成巨大损失。近 20 年来,中国沿海地区在不考虑通货膨胀的情况下,风暴潮灾害已经给国家带来超过 2 000 亿元的直接经济损失①,而间接损失则难以计算。因此,风暴潮是造成我国经济损失最严重的海洋灾害之一(马志刚等,2011;乐肯堂,2002;Cai 等,2009)。在我国,东南沿海地区是受风暴潮威胁最为严重的地区,其中广东、福建和浙江三个省份承受的人员和经济损失最为巨大(Shi 等,2015)。这些地区也是我国经济发达的地区。因此,风暴潮的预测和防范对我国至关重要。

1.1.2　风暴潮数值模拟技术

20 世纪 50 年代后,为了准确预测海洋动力过程,随着计算机技术的兴起,海洋水动力数值模式应运而生。模式以纳维尔-斯托克斯方程为理论基础,根据不同的需要对方程进行简化,结合边界条件和输入数据,采用有限差分方法、有限元方法、有限体积法和谱方法等数值离散方法,模拟大气和海洋系统的相互作用,推导出海洋动力过程的时空变化。

风暴潮的数值模拟是将海洋数值模式应用于风暴潮研究的一种数值方法,一般使用有限差分、有限元或有限体积方法。其中最早使用的离散方法是有限差分方法,这种方法用网格点上函数值的差商代替方程中的微商,数学概念明晰,编程难度较低,在网格数目一致的情况下计算速度较快。有限差分方法是目前主流海洋数值模式中应用最广泛的离散方法,主流的采用有限差分法的模式包括 POM、HAMSOM、HYCOM、ROMS、MOM 等。但是这种方法在描述复杂地形岸线时较为困难。而有限元法和有限体积方法由于采用非结构网格,可以高度贴合岸线,并且可以根据需要在不影响其他区域网格分辨率的情况下对关注区域进行加密。这种特质使得有限元法和有限体积方法在计算近岸精细化问题上存在较大的优势,因此虽然很多海洋模式都可以计算风暴潮,但是目前风暴潮研究者们使用最多的还是有限元或有限体积模式(Kohno 等,2018;刘春霞等,2017)。

早期风暴潮模式主要是二维深度积分模式。Kivisild(1954)首先利用手摇计算机对美国 Okeechobee 湖展开了风暴潮的数值模拟研究。随后,Hansen(1956)第一个利用电子计算机实现了对欧洲北海的风暴潮数值模拟。最早专门用于开展风暴潮数值预报的海洋模式是 SPLASH 模式,由 Jelesnianski 于1972 年建立(Jelesnianski,1972)。其后,在 SPLAHSH 基础上研发出了SLOSH 模式,并用于美国的风暴潮业务化预报工作(Glahn 等,2009)。日本采用日本气象厅风暴潮模式 JMA 来开展风暴潮业务化预报,该模式开发于1998

---

① 数据来源:国家海洋局 1998—2022 年中国海洋灾害公报。

年,空间分辨率为 10 km,同样是采用深度积分的二维模式(Saito 等,2006)。印度于 1981 年开发了 IIT 模式(Johns 等,1981,1983;Dube 等,1985),主要用于印度洋区域的业务化预报。英国在 20 世纪 60 年代就开始了风暴潮数值预报的研究,而目前英国气象局采用的 CS3 模式是潮汐-风暴潮耦合模式,开发于 1991 年,计算范围覆盖了欧洲大陆西北部,水平网格分辨率大约是 12 km,考虑了 15 个分潮和域外风暴增水的作用(Flather,2000)。我国的风暴潮研究开始于 20 世纪 70 年代,秦曾灏和冯士筰(1975)对我国渤海风潮的动力机制展开了初步研究,将浅海风暴潮划分为普通浅海问题和超浅海问题,随后对渤海风暴潮展开数值模拟(孙文心,秦曾灏和冯士筰,1979;孙文心,冯士筰和秦曾灏,1980)。在"七五""八五"期间中国海洋大学联合国内多家海洋研究机构研发了中国第一代和第二代风暴潮数值预报模型。我国目前用于风暴潮业务化预报的是中国国家海洋环境预报中心开发的中国海高分辨率业务化风暴潮数值预报模式,该模式采用深度平均的有限差分二维模式,水平分辨率约为 3.7 km,自 2003 年起投入业务化预报(董剑希等,2008)。不难看出,在业务化预报方面目前各国大多采用二维深度平均的风暴潮模式。这主要是因为二维模式所使用的浅水方程形式简单,计算效率高。

但三维风暴潮模式也越来越多地被研究者们重视起来,常用的三维风暴潮模式包括 ADCIRC,FVCOM 等非结构网格模式和 POM 等正交网格模式。Resio 和 Westerink(2008)认为二维模式相对于三维模式缺乏对垂向流速和水平流速的垂直变化的考虑。在模拟浅海的潮汐和风暴潮时这是可以接受的,但是对于深海来说,风应力和波浪都只作用于海表,这时若还是把海表和海底的流速当作一致的,就会产生一些问题。其中一个问题是由于海表的流速被低估导致风速与海表流速的差被高估,使得模拟的水位被夸大。同时,由于海底本来的向海流动被迫与海表流动一致向岸传播,使得结果进一步被夸大。Nørgaard 等(2014)在对丹麦利姆海峡极值水位的数值研究中指出,二维风暴潮模式可能会高估或低估底摩擦。Weisberg 和 Zheng(2008)对比了 ADCIRC 模式二维和三维的结果,在他们的结果中,二维模式低估了增水极值,其原因也是由于二维模式对底应力的错误估计,因此他们建议在地形复杂的海域使用三维模式。

风暴潮不是一个局地过程,尤其是台风风暴潮。台风通常发源于离岸数千千米的大洋,由低气压和风应力引起的水位变化以自由长波或者强迫波的形式传到近岸并在沿岸堆积,在某些区域由于地势比较低洼会伴发风暴潮漫滩现象。因此,目前对于风暴潮的模拟通常需要建立覆盖较大空间范围的计算区域。Blain,Westerink 和 Luettich(1994)曾经利用本书中使用的 ADCIRC 海洋环流模式就模型区域大小对发生在美国佛罗里达州的由凯特飓风引发的风暴潮的影响做了数值实验。实验结果表明,模型模拟区域的大小会明显影响风暴潮的水位计算结果,其原因是较小的模拟区域缺失了该区域以外传入的由于风应力和气压引起的水位与流速变化。国内也有学者做了类似的数值实验,比如王秀芹、钱成春和王伟(2001)就我国渤海地区风暴潮数值模拟所需选择的模拟范围作了细致的探讨,文章认为要准确计算渤海区域的风暴潮,开边界至少需要取到黄海甚至更南部。因此,进行风暴潮数值模拟时,选取的计算区域必须足够大。

而人们关注的由于风暴潮引发的灾害通常发生在人口密集的沿岸区域,这些区域水深相对大洋来说非常浅,天文潮-风暴潮非线性作用很强,因此风暴潮在近岸区域相对于大洋或陆架区域的水位分布梯度较大,采用水平分辨率较粗的网格是无法有效模拟沿岸的风暴潮过程的。目前国内外的风暴潮研究也越来越倾向于利用高水平分辨率和时间分辨率的数值模式来研究风暴潮过程对于沿岸工程建筑及自然环境的影响(Gallegos 等,2009;Xu 等,2010;Blumberg等,2014;Yoshida 和 Ishikawa,2015)。Dietrich 等(2012)的文章表明,对于沿岸风暴潮过程,精细化的网格是不可或缺的,其中,要较准确地描述近岸波的频散,需要 200 m 左右分辨率的网格,而要描述近岸的小河道,20~50 m 的网格分辨率才是比较合理的。不仅如此,网格分辨率的选择还应该考虑海岸堤防工程的建设情况,若分辨率过低,则堤防对于风暴潮的影响将不能正确体现出来。因此,以精细化风暴潮模拟方法作为研究课题具有重要的意义。而由于Courant-Friedrichs-Lewy(CFL)条件的限制,较高的水平分辨率同时也意味着需要极小的时间步长。因此,一个可以较好反映风暴潮在特定区域增水和漫滩过程的计算区域通常有十万乃至百万数量级的网格。而为了使模式能稳定地运行下去,计算时间步长往往是几秒乃至零点几秒。这对计算资源提出了极高的要求。

在需要精细化模拟的实际工程实践中,我们也注意到,由于需要了解不同工程建设情况对海洋动力过程的影响,往往要用到多情境模拟方法,即对不同的参数条件下的同一海域进行多次重复的数值模拟,以获得该区域在不同气象水文地理以及不同工程建设等条件下的海洋过程情况,这对于有限的计算资源更是一种巨大的负担。

　　由上面的分析可以看出，风暴潮的数值模拟需要在一个很大的区域中实现，而且要在部分区域实现很高的分辨率，关键还要多次重复计算，这对计算资源带来了极大的挑战。为此人们发明了嵌套网格技术，这是一种可以有效减少计算量的方法，它一般被用在有限差分模式中，用于对模式中研究者关心的区域进行局部加密。As-Salek 和 Yasuda(1995)在孟加拉湾的风暴潮研究中应用了一种考虑了水位和流速开边界的嵌套网格，并将这一更细致的嵌套网格用于关心区域的模拟。该嵌套网格的结果优于单纯使用较粗网格的计算结果。Hubbert 等人(1990)以澳大利亚沿岸的风暴潮数值模拟为例，展示了采用水位作为开边界的单向嵌套方法模拟相对于使用粗糙网格模拟有明显的优势。Moon 等人(2009)利用双重嵌套技术研究了风应力参数化对风暴潮的影响。

　　进一步研究发现，双向嵌套相对于单向嵌套而言更贴近真实的物理过程。因为从地理上看，大区和小区并不是相互独立的系统，大区在向小区施加影响的同时也在被小区影响，反映到模型中，两者应该有一套双向的交互机制，即小区的计算结果也要通过某种方式反馈给大区。Fox 和 Maskell(1995)比较了单向嵌套和双向嵌套的模式结果，发现在使用单向嵌套时，在大小区的交互处会产生噪声。Sheng 等人(2005)开发了一种"部分重叠"的双向嵌套方法，与单向嵌套方法比较后发现，由于缺乏大网格对于小网格内部区域的限制，使用单向嵌套方法会产生一些虚假的物理过程。总的来说，单向嵌套具有灵活性和高效性——即大区输出的小区所需的边界条件可在其后任意时间段多次重复驱动小区，且单向嵌套使用较少的计算资源；而双向嵌套则具有准确性——小区内部的物理过程可以准确地反馈给大区以随时修正大区的物理过程。

　　有限元技术的出现为人们提供了更高效的对网格进行加密的途径。由于它允许计算网格以非矩形的形式排列，格点之间没有严格的前后上下的关系，因此研究者可以在任意关注区域对网格进行加密，不需要以粗网格嵌套细网格，从而巧妙地避开了上述嵌套方法所存在的问题，这是有限元模式相对有限差分模式的优越性(Jones 和 Davies，2009；Xu 等，2010)。因此，大多数情况下，若使用有限元模式，就可以不必再使用网格嵌套技术。虽然如此，在一些情况下，嵌套网格技术仍然可以利用到有限元模式中以进一步减小计算量。比如，多情境模拟时，若不同情境下初始变量——比如水深、底摩擦系数、海表面粗糙度等的变化集中在一个或几个较小的区域，且对于研究的物理过程的影响范围并不广，那么我们可以把大区与小区边界上，由大区计算得到的流速、水位等物理量记录下来，作为小区的边界驱动。由于我们已经预知小区的变化对于研究的物理过程影响范围不广,或者说至少影响不到该小区的开边界,那么记录的开边界驱动就不会受到小区内物理过程的变化产生的影响,因此可以近似地把小区视为一个独立于大网格的区域。在这种情况下,使用双向嵌套是不必要的。上述两种方式在以往的研究中都有采用,有些研究者使用同一个计算域和不同的参数进行多次重复模拟(Irish 等,2010;Demissie 和 Bacopoulos,2017),也有的研究者从一个覆盖较大范围的计算域中划分出一个包含其关心区域的子计算域,并使用水位开边界条件对子域进行多次重复模拟。以由 Luettich 和 Westerink 开发的有限元模式 ADCIRC 为例,ADCIRC 作为一种基于有限元技术的海洋环流模式,可以在不同的区域设置不同的分辨率进行全海域的计算。但模式中还提供了水位开边界驱动方案,这种方案使得我们可以利用大区计算出的水位来驱动小区以进行多情境模拟,即使用单向嵌套,本书将这种方法称为传统网格嵌套方法(Conventional Nesting,后文称为 CN)。这两种方法各有利弊:第一种方法虽然可以获得精确的结果,但是由于巨大的网格数量,取得结果需要消耗大量时间;第二种方法虽然较快,但是由于只考虑了开边界水位,忽视了流速、干湿网格状态以及不位于开边界上但是在某些时刻存在水通量的网格,计算结果相对于第一种方法存在一定误差。为了改进这一方法,Baugh 等(2015)提出了一种基于 ADCIRC 模式的子域模拟(Conventional Subdomain Modeling,后文称为 CSM)技术。CSM 方法是一种允许使用者以较低的计算资源对改变了局部属性如水深和底摩擦系数的网格进行再分析的方法。这种技术的运行过程大致可分为两个部分,第一部分是全域的运行和结果输出,第二部分是子域的运行和输出。所谓全域,即计算风暴潮所使用的整个计算域,全域一般来说范围较大,常见的计算风暴潮的全域通常在百公里甚至千公里量级,全域计算得到的流速、水位及干湿状态可以在经过一定时间间隔取样后用于驱动子域的外边界。而子域则是研究者关注的小区域,其网格规模可小于全域的网格规模一个量级以上,范围则根据实际要求而定。子域的外边界必须存在于全域中,这样可以避免由于空间插值造成的误差。由于子域所使用的边界驱动来自全域的计算结果,因此,子域的范围应谨慎选择,由于对子域中的地形或其他参数所作的改变会造成海洋动力过程的改变,这种改变应该局限在子域内部而不被传导到子域边界上。经过严格质量验证的子域才能够被利用来作可靠的动力过程再分析(Baugh 等,2015;Dyer 和 Baugh,2016)。Baugh 等(2015)利用该技术以美国北卡罗来纳州的 Cape Fear 为例作了多情境模拟,模拟了假想中决堤的情形下风暴潮漫滩的发展情况,文章以 Cape Fear

内某点为圆心,从原始网格上划分出了一个半径 0.15°大小的圆形子计算域,相
对于重新计算整个计算域节约了 90% 的时间。该技术本质上是一种单向嵌套
网格技术,其主要目的之一就是应用于多情境模拟。当我们具备全域输出的边
界点取样数据集时,这种方法能够在保证计算准确度的同时保持很高的计算速
度。但是,该方法需要在计算整个区域前先定义子计算域的边界,因此无法利
用以往使用 ADCIRC 模式得到的结果。

1.1.3 海堤高程设计和建设选址问题的提出

风暴潮的防范措施分别对应灾害预警和灾害预防。灾害预警中非常重要
的一环是灾害预报,对于风暴潮的预测一般有经验分析法和数值模拟方法两
种。后者由于现代计算机计算能力的提高和海洋气象资料及地形地貌材料的
丰富获得了长足的发展,目前已经能相对准确地预报或者后报风暴潮事件。

风暴潮灾害预防主要是通过建设沿海防护工程和维护海岸生态系统等,其
中防护工程包括海堤、防波堤等,生态系统保护包括建设人造沙丘、红树林和海
滩养护等(Cai 等,2009)。Wamsley 等(2010)以美国路易斯安那南部为例,研
究了湿地对于风暴潮和海浪的影响,并指出湿地恢复后,地形变化、摩擦力和型
阻力提升,阻碍风暴潮向内陆的漫延。USACE(1963)调查了 1909—1957 年 7
场发生在南路易斯安那的风暴潮,并得出平均每 14.5 km 的湿地可使风暴潮
增水降低 1 m 的结论。然而 Resio 和 Westerink(2008)指出,虽然湿地的确会
迟滞风暴潮的漫延,但是在风速足够大,持续时间足够长时,湿地对于减轻风暴
潮灾害的作用将微不足道。

相对于湿地恢复对于防范风暴潮灾害的不确定性而言,海堤建设对于减轻
海洋灾害的可量度性更高。海堤的建设选址、建设高度等建设参数以及建设后
对于生态环境和水动力过程的影响是人们关注的重点。合理的海堤选址、海堤
高程可以有效地阻止风暴潮和海浪的侵袭,在保护人们的生命和财产安全的前
提下,能够在防灾效果和经济成本之间找到平衡,海堤选址和堤顶高程的选择
对于有效防止海洋灾害的发生和减轻其影响具有至关重要的意义。目前设计
海堤高程标准最常用的方法是典型重现期风暴潮估计方法(Foti 等,2020),该
方法通过线性拟合水文站记录的长期水位观测数据,获得港口多年一遇高水位
回归极值,并以此为依据确定水文站所在地区的工事设计标准。这种方法存在
的问题主要有四个,一是依赖于长期观测数据,且回归极值的准确估计受观测
数据长度影响(Feng 等,2015),这使得对缺乏长期观测数据地区极值水位的估
计并不准确,影响到海堤的设计标准计算(Foti 等,2020)。二是由于风暴潮与

海堤存在非线性作用,海堤的建设选址会影响到风暴增水的局地和非局地分布形态,使得设计标准与风暴潮特征不适配(Liu 等,2018)。三是在地形崎岖的海滨城市,风暴增水分布本身具有较强的空间变异性,单独一个水文站的数据无法代表整个城市的风暴潮特征(Liu 等,2018),这导致在一些区域防潮堤岸的建设存在较大浪费,而另一些区域却缺乏海堤的保护(Hou 等,2020)。四是只考虑了防潮堤岸高程对风暴潮的阻挡,并未充分考虑自然地形和生态系统对风暴潮的延缓作用(Wamsley 等,2010)。

可能最大风暴潮模拟是另一种提供海堤设计标准的方法,一般用于确定核电站等关键设施的防灾标准(Shi 等,2021)。以可能最大台风产生的风暴潮为可能最大风暴潮,并以防御可能最大风暴潮为海堤设计的标准。这种方式考虑到了海堤与风暴潮相互作用的动力过程,能够描述风暴增水分布的空间变异性,也可以将海岸生态系统对风暴潮的延缓作用纳入考虑(Liu 等,2009)。但是其与典型重现期风暴潮估计方法一样,都没有系统性地统筹区域的防潮堤岸建设,在为工程设计带来巨大的成本的同时未能将其他区域纳入保护(Hou 等,2020)。同时,由于风暴潮受到台风路径、强度、移行速度、登陆角度和登陆地点等多方面因素的影响,沿海区域的危险度与台风强度并不完全成正比。仍然只能从给定的方案中挑选最优方案(Foti 等,2020),限制了方案的可选范围,而由不同研究者提供的方案可能会有较大区别,无法形成统一的设计标准(Foti 等,2020)。

引入遗传算法作为解决海堤建设选址和设计高程问题的方案,具有巨大的潜力。遗传算法是一种模拟自然进化过程的结果导向的优化算法,它由Holland(1975)提出并被 Goldberg、Korb 和 Deb(1989)发展。借鉴了达尔文进化论,通过模拟遗传、变异等仿生算子使数学计算得以实现遗传、基因突变以及自然选择等自然界中生物进化的过程。海堤选址问题的解空间往往非常庞大,涉及多个决策变量和约束条件。传统的搜索方法可能会陷入局部最优解,无法找到全局最优解。而遗传算法具有全局搜索能力,通过遗传操作中的选择、交叉和变异等操作,能够在解空间中进行全局搜索,从而找到更优的选址方案。海堤建设选址问题往往涉及多个冲突的目标,如防灾效果、环境保护和经济成本。遗传算法能够通过适应度函数的设计和多目标优化的技术,将多个目标进行权衡,具有全局搜索能力和对多目标优化问题的适应性。另外,由于海堤选址问题的复杂性,很难通过传统的试错方法来找到最优解。遗传算法通过快速评估解的质量,能够迅速收敛到较好的近似最优解,为决策者提供可行的选址方案。更重要的是,遗传算法具有较高的可扩展性和灵活性,如果将其与数值模拟工具结合,能够考虑到如地形、气象、区域经济发展情况因素,在复杂环境中通过迭代搜索和评估,找到最佳的决策方案以减少灾害损失,为改善决策、减轻灾害损失提供了一种有效的工具。

针对本节中关于现有海堤设计标准存在的问题,本研究拟改进海堤选址和高程设计方法,实现以下三个目标:一是充分考虑风暴潮灾害过程中的非线性相互作用;二是减少人为主观因素干扰,统筹全区域防潮堤岸建设;三是减少工程支出,提升防灾能力。针对目标一,需要考虑风暴潮灾害过程与防潮堤岸的非线性相互作用。防潮堤岸的建设会影响到风暴潮的漫滩、上溯、爬高等过程,导致相比于建设前不同区域风暴潮强度的减弱或增强,进而又对防潮堤岸本身产生威胁,导致部分区域出现溃堤等紧急事件。相对于工程上常用的地理信息系统(GIS)技术,采用风暴潮数值模型可以将该非线性作用纳入考虑,同时,要考虑到灾害过程与海堤的相互作用,模型必须有极高的时空分辨率。这对计算速度提出了较高要求,因此研究在超高时空分辨率下风暴潮过程的快速计算方法能够为我们正确估计风暴潮灾害提供数据支持。

针对目标二和三,可以结合防潮堤岸建设成本和效益,为整个目标区域风暴潮防潮堤岸的建立提供客观的评价方法(Dlupuits 等,2017),依据风暴增水高度、漫滩流速等灾损考量指标(Burrus、Dumas 和 Graham,2001)量化防潮堤岸建设的成效,明确目标导向,并在此基础上利用优化算法对防潮堤岸的设计方案进行自适应优化,探索指标对优化结构的调整效果和相对应的布局方式。

1.2 内容安排

本书的内容安排如下:第 2 章首先针对 1.1.3 中提出的第一个问题进行回答,即使用传统的极值回归方法设计海堤的不足。我们将以广东省湛江湾为例,研究风暴潮极值水位的精细化空间分布以及对空间分布有影响的物理因素,这有助于我们理解使用传统方法设计海堤的不足,同时为子域模拟方法和遗传算法的使用建立理论基础。第 3 章针对提出的第二个问题,研究如何使用子域模拟方法准确而高效地进行多情境模拟,并研究对模拟有影响的因素,以帮助研究者合理地选择计算区域;另外,我们也将提出新技术以弥补传统子域模拟方法的不足,为将遗传算法应用到海堤工程设计中提供方法支持。第 4 章,我们将最终把遗传算法和海洋数值模式结合起来,为海岸防灾减灾工作提供数据支撑,在节省建设成本的同时维持较好的防灾能力。结论在第 5 章叙述。

1.3 研究创新点

本研究的创新点如下。

（1）利用数值模式研究了湛江湾内风暴增水的空间分布情况，并提出了可以对湾内增水分布形态进行分类的定量化方法。随后，针对不同类型的风暴潮过程分析了影响其增水分布形态的物理因素，解释了湾内增水形态的形成机制。并指出了使用验潮站数据进行回归分析的方法不适用于这种受台风风暴潮影响严重的浅水海湾地区。

（2）研究比较了传统水位开边界方法与子域模拟方法，并指出了传统水位开边界方法的不足。同时分析了子域模拟方法的适用范围和参数选择注意要点，并根据实际需要开发了基于子域模拟方法的高精度数据重建方法。

（3）首次将遗传算法与子域模拟方法相结合，开发了一套可以顺利运行的根据成本和收益自动优化海堤设计的方法，并根据特定问题提出了片段化策略，该策略可极大加快算法的优化速度。

2 湛江湾风暴潮增水对局地风场和地形地貌的响应

本章对 1.1.3 节提出的疑问展开研究,并努力寻找出可能会影响本书使用新方法的物理因素。本章中,我们以我国广东湛江湾为例来进行讨论。

2.1 湛江湾的基本情况

湛江市位于我国广东省西南部的雷州半岛北端,下辖四区三市两县,共有800 万常住人口。其向东毗邻南海,向南是琼州海峡,向西与北部湾相接,是我国东南沿海重要的港口城市。湛江港是新中国成立后自行设计建造的第一个现代化港口,2022 年货物吞吐量超过 1.1 亿吨,是我国 25 个主要港口之一,也是我国大西南和华南地区的重要出海通道之一。

2.1.1 地形特征

湛江湾是一个半封闭的沉溺型港湾,海湾被南三岛、东海岛、东海岛拦海大堤和陆地所环绕。湾内还有特呈岛、东头山岛等较小岛屿。自上游至出海口约50 km(李希彬等,2011),大致可分为五里山港区、麻斜海区和港口区三个部分,每一段大致呈现从下游向上游逐渐缩窄的形状(应秩甫和王鸿寿,1996)。其中,湛江湾的最上游,即五里山港区呈树枝状由下游向上游展开,水深也自下而上逐步变浅。麻斜海区和港口区存在一条贯通的深槽一直延伸向湾外。湾内现有水域面积 270 km²,其中,滩涂面积 114 km²(应秩甫和王鸿寿,1996)。1961 年 2 月,为岛上民众出行方便,东海岛西北端建起一条拦海大堤,将东海岛与陆地连接起来,同时也堵死了湛江湾西南方向的潮汐通道。如今,湛江湾还有两条入海通道,其中一条是大黄江,位于南三岛和东海岛之间,入海处宽约2 km。大黄江是湛江的主要航运通道和潮汐通道,其深槽常年受潮汐冲刷,最深处可超过 30 m。另外一条是南三岛和陆地间的南三河,水深较浅,大部分水域水深小于 5 m,河上和两岸都有大量水产养殖设施。

2.1.2 潮汐特征

湛江湾海域潮汐受进入南海的太平洋潮波影响,主要受不正规半日潮控制

（丁文兰，1986；李希彬等，2011），平均纳潮量约 5 亿立方米，最大时可达 10 亿立方米（李希彬等，2011），潮汐特征上有自大黄江下游向上游振幅逐渐增大的趋势。其中上游调顺岛的年平均潮差比大黄江入海口处的年平均潮差高出0.6 m，年最大潮差更是高出 0.8 m（应秩甫和王鸿寿，1996）。这主要与湛江湾的地形岸线有关，由于湛江湾地形自下游向上游逐渐变浅变窄，潮波进入后能量逐渐集中，在上游处形成更大的潮差。

2.1.3 历史台风风暴潮情况

湛江是一个非常容易受到风暴潮灾害威胁的地区，根据陈奕德等（2002）的统计，影响到湛江港的主要是热带气旋，其年均数量超过 6 个，占进入南海热带气旋数量的 40% 以上。这其中有 50% 以上热带气旋强度达到或超过台风级，而这些达到台风级的热带气旋事件占历史资料中湛江港风暴增水个例的近70%。由于热带气旋主要在夏季生成，所以影响湛江的风暴潮也具有季节上的不均匀性，在 7—9 月最多，12 月至次年 3 月则极少发生。在地形方面，由于湛江湾东侧岸线是西南西-东北东的走向，湛江湾西侧的雷州半岛突出大陆并朝南方延伸，与广东中西部地区共同构成一个口袋的形状，而湛江则是这个"口袋"的底部。因此，当热带气旋自东南向西北而来时，湛江湾外海偏向东南风或东风，风暴增水在外海堆积以后被湛江湾"收集"起来，出现较大的增减水，作为"口袋"底的湛江港区往往承受巨大的损失（陈奕德等，2002；蒋国荣等，2003；张文静，朱首贤和黄韦艮，2009）。

2.1.4 研究背景和研究目标

虽然湛江港的风暴潮已被很多学者重视并研究过，但还没有学者对湛江湾内的风暴潮分布形态作出分析。与潮汐相似，由外海传入的风暴潮也是重力长波，湛江湾上下游巨大的潮差让我们联想到风暴潮增水会不会也会因为地形而存在比较明显的局地分布差异。在外海水深较深处，风暴潮增水在较小范围的海域上起伏并不明显，因此，过去大部分学者都利用较粗的网格分辨率来研究较大范围上的风暴潮增水的空间分布（Flather，1994；Lowe，Gregory 和Flather，2001；Haigh 等，2014）。当然，也有研究者对风暴潮增水的小尺度特征作出了研究，比如 Guo 等（2009）利用 FVCOM 模式对杭州湾在 8114 台风期间的风暴潮增水分布情况作了研究，研究表明，杭州湾顶部的最大增水高度可达到湾底的两倍，且相对湾底来说，湾顶对台风中心气压和最大风速半径的响应更为明显，这主要是因为杭州湾是一个自湾口向湾顶逐渐收缩变浅的海湾。Jones 和 Davies（2009）对在英国爱尔兰海和默西河地区发生于 1977 年 11 月

11 日至 14 日的风暴潮研究表明,河流地形的逐步变浅变窄同样是风暴潮沿河上溯水位增加的最主要因素。该研究同时对默西河的风暴潮作出论断,认为沿河上溯的风暴潮增水基本只与河口的风暴潮情况有关,河流上空的风场对于河流内风暴潮的传播和分布几乎没有影响。Dietrich 等(2010)建立了一套最高达到 50 m 级分辨率的网格,并用 ADCIRC 模式模拟了卡特琳娜和丽塔飓风在路易斯安那州造成的风暴潮增水,指出了高分辨率网格对漫滩模拟准确度有巨大的提升。但这些研究都只局限于一场或有限几场风暴潮过程,这远远不足以形成一个区域内风暴潮增水的空间分布特征有统计学意义的结论。

要研究一个区域的风暴潮增水空间分布,我们需要首先意识到,风暴潮不是一个局地的过程。事实上,我们可以把一个区域的风暴潮分为由区域外部传入的风暴潮(后文称非局地风暴潮)和在局地生成的风暴潮(后文简称局地风暴潮)两部分。其中,局地风暴潮是由于局地的风应力和气压梯度力驱动的水位波动,而非局地风暴潮是在研究区域外部生成,并传播进入研究区域的风暴潮。在一些区域,仅仅靠非局地风暴潮沿河流或海湾上溯就可以使上下游间风暴增水有巨大的差异,而局地风场和气压场却对风暴潮作用不大,比如前文提到的默西河流域(Jones 和 Davies,2009)和杭州湾(Guo 等,2009),这两个研究都表明在一个较浅且逐步收窄的研究区域中,非局地风暴潮是占据主导作用的。有一些研究表明,在深且较宽的海域中,非局地风暴潮增水也可以起到主导作用,比如在 Soontiens 等(2016)的研究中,加拿大乔治亚海峡的风暴潮就是由非局地风暴潮所控制。

但非局地风暴潮并不是在所有地区都占据主导作用,比如在东爱尔兰海,局地风暴潮和非局地风暴潮对于增水的贡献是几乎一致的(Jones 和 Davies,1998,2009),即使如 Olbert 和 Hartnett(2010)所言,在东爱尔兰海地区,局地风暴潮没有前面两个研究所认为的那么重要,他也认为局地风暴潮对风暴增水贡献了 36% 以上。同时,Dietrich 等(2010)对卡特琳娜飓风造成的风暴潮灾害的研究表明,局地气象场在庞恰特雷恩湖(Lake Pontchartrain)和博涅湖(Lake Borgne)间造成的陡峭的水位梯度是无法被忽视的。同时,Shen 和 Gong(2009)对美国切萨皮克湾的风暴潮研究后指出,局地作用的贡献大小并不是一成不变的,而是随风向的变化而变化。这也证明仅仅用零星几个风暴潮事件是无法帮助我们全面了解一个区域风暴潮传播增水分布的情况和机制的。

除了关注湛江湾本身的风暴潮增水空间分布情况外,我们还希望了解由于气候变化和岸线变迁对风暴潮增水空间分布带来的影响。气候变暖导致的全球海平面上升将对风暴潮增水的空间分布形成不可忽视的影响（Horsburgh 和 Wilson，2007；Feng，Jiang 和 Bian，2014；Zhang 等，2013）。许多研究者对未来 100 年海平面上升作出了预测（Chen，1997；Soloman 等，2007；Rahmstorf，2007；Vermeer 和 Rahmstorf，2009；Katsman 等，2011），这些研究对平均海平面升高的预测从 0.22 m 到 1.90 m。在本章中，我们采用由 IPCC 2007 年的报告中的数据（Soloman 等，2007），分别取海平面升高 0.22 m 和 0.88 m 来研究海平面上升对湛江湾内风暴增水分布的影响。岸线改变造成的风暴潮增水分布变化也在一些研究中被提到过，比如杭州湾的岸线变迁就对风暴潮增水的局地分布造成了明显的局地变化（Guo 等 2009），Wamsley 等（2009）在研究中发现，海堤的修建使得一些海堤附近区域在两个飓风过程中的风暴增水上升了 0.2～1 m。因此，对于风暴潮研究来说，不考虑海堤的建设对于风暴潮的影响对于海堤建设来说可能是不足够的。本章中还详细讨论了东海岛拦海大堤对风暴增水空间分布的影响，以为我们的研究提供更多的理论支持。

2.2 模型参数，数据来源以及驱动风场

2.2.1 模式介绍

本文采用的模式是 ADCIRC（Advanced Circulation Model）模式，由美国北卡罗来纳大学的 Luettich 博士和美国圣母大学的 Westerink 博士联合开发。该模式在 20 世纪 90 年代初开始被应用于计算海洋表面流（Luettich，Birkhahn 和 Westerink，1991），并在随后开发了三维版本（Lettich 等，1992）。目前，该模式被广泛应用于模拟风暴潮增水和漫滩、潮汐和风生流、污染物和泥沙输运等，被美国陆军工程兵部队（USACE，United States Army Corps of Engineers）和美国海军研究实验室（NRL，United States Naval Research Laboratory）等机构用于模拟和预测沿岸潮汐、风暴潮以及污染物输运等物理过程。ADCIRC 模式采用静力平衡和布辛尼斯克假设，在空间上使用有限元方法，时间上使用有限差分方法来离散方程。ADCIRC 模式允许使用者选择使用笛卡尔坐标系或球坐标系。其可选强迫包括边界上的水位强迫，垂直（于边界）流强迫，潮汐势强迫，自引潮力强迫和海表面（风、波浪）应力强迫，其中前三个强迫方法均作用于开边界上，且同一条开边界只能选择一种开边界强迫。该模式综合考虑了多种边界条件及外力强迫，同时具有较高的计算效率和数值鲁棒性，目前在国内外应用广泛。

本章中研究区域较大，地球曲率不可被忽略，因此我们采用球坐标作为模

式坐标系。虽然三维模式更贴近物理现实,但是由于本研究要在计算资源有限的情况下实现大量多次计算,因此我们还是采用了二维深度积分模式。

ADCIRC 的二维深度积分版本使用的浅水方程包括连续方程和动量方程,根据 Luettich 和 Westerink(2004)的介绍,连续方程为

$$\frac{\partial \zeta}{\partial t} + \frac{\partial UH}{\partial x} + \frac{\partial VH}{\partial y} = 0 \tag{2-1}$$

x 和 y 方向的动量方程分别为

$$\begin{cases} \dfrac{\partial U}{\partial t} + U\dfrac{\partial U}{\partial x} + V\dfrac{\partial U}{\partial y} - fV = -\dfrac{\partial}{\partial x}\left(\dfrac{P_s}{\rho_0} + g\zeta\right) + \dfrac{\tau_{sx}}{\rho_0 H} - \dfrac{\tau_{bx}}{\rho_0 H} + T_x + D_x \\[3mm] \dfrac{\partial V}{\partial t} + U\dfrac{\partial V}{\partial x} + V\dfrac{\partial V}{\partial y} + fU = -\dfrac{\partial}{\partial y}\left(\dfrac{P_s}{\rho_0} + g\zeta\right) + \dfrac{\tau_{sy}}{\rho_0 H} - \dfrac{\tau_{by}}{\rho_0 H} + T_y + D_y \end{cases} \tag{2-2}$$

其中,ζ 代表海表面相对于平均海平面起伏,U 和 V 表示 x 和 y 方向的深度平均的流速,H 代表网格点的总水深,f 为科氏系数,ρ_0 表示海水密度,P_s 为大气压,g 为重力加速度,τ_{sx} 和 τ_{sy} 分别为 x 和 y 方向的风应力,τ_{bx} 和 τ_{by} 代表 x 和 y 方向的底应力,T_x 和 T_y 是波浪辐射应力在 x 和 y 方向的分量,D_x 和 D_y 是扩散项。

ADCIRC 中使用的 GWCE 方程是通过将连续方程(2-1)对时间求偏导后,加上乘以加权函数 τ_0 的(2-1)得到:

$$\frac{\partial^2 \zeta}{\partial t^2} + \tau_0 \frac{\partial \zeta}{\partial t} + \frac{\partial A_x}{\partial x} + \frac{\partial A_y}{\partial y} - UH\frac{\partial \tau_0}{\partial x} - VH\frac{\partial \tau_0}{\partial y} = 0 \tag{2-3}$$

其中,A_x 和 A_y 为

$$\begin{cases} A_x \equiv \dfrac{\partial UH}{\partial t} + \tau_0 UH = \dfrac{\partial Q_x}{\partial t} + \tau_0 Q_x \\[3mm] A_y \equiv \dfrac{\partial VH}{\partial t} + \tau_0 VH = \dfrac{\partial Q_y}{\partial t} + \tau_0 Q_y \end{cases} \tag{2-4}$$

代入(2-1)和(2-2)进一步可得:

$$\begin{cases} A_x = U\dfrac{\partial H}{\partial t} + H\left[\begin{array}{l} -U\dfrac{\partial U}{\partial x} - V\dfrac{\partial U}{\partial y} + fV - \dfrac{\partial}{\partial x}\left(\dfrac{P_s}{\rho_0} + g\zeta\right) \\[3mm] + \dfrac{\tau_{sx}}{\rho_0 H} - \dfrac{\tau_{bx}}{\rho_0 H} + D_x + T_x + \tau_0 U \end{array}\right] \\[8mm] A_y = V\dfrac{\partial H}{\partial t} + H\left[\begin{array}{l} -U\dfrac{\partial V}{\partial x} - V\dfrac{\partial V}{\partial y} - fU - \dfrac{\partial}{\partial y}\left(\dfrac{P_s}{\rho_0} + g\zeta\right) \\[3mm] + \dfrac{\tau_{sy}}{\rho_0 H} - \dfrac{\tau_{by}}{\rho_0 H} + D_y + T_y + \tau_0 V \end{array}\right] \end{cases} \tag{2-5}$$

将 GWCE 方程和动量方程联立求解即可得出水位和流速值。球坐标系下的方程组为

$$\frac{\partial \zeta}{\partial t} + S\frac{\partial (UH)}{\partial x} + \frac{1}{\cos\phi}\frac{\partial (VH\cos\phi)}{\partial y} = 0 \tag{2-6}$$

$$\begin{cases} \dfrac{\partial u}{\partial t} + SU\dfrac{\partial U}{\partial x} + V\dfrac{\partial U}{\partial y} - \left(\dfrac{\tan\phi}{R}U + f\right)V = \\[2mm] \qquad -S\dfrac{\partial}{\partial x}\left[\dfrac{P_s}{\rho_0} + g(\zeta - \alpha\eta)\right] + \dfrac{\tau_{sx}}{\rho_0 H} - \tau_* U + D_x \\[4mm] \dfrac{\partial v}{\partial t} + SU\dfrac{\partial v}{\partial x} + V\dfrac{\partial v}{\partial y} + \left(\dfrac{\tan\phi}{R} + f\right)U = \\[2mm] \qquad -\dfrac{\partial}{\partial y}\left[\dfrac{P_s}{\rho_0} + g(\zeta - \alpha\eta)\right] + \dfrac{\tau_{sy}}{\rho_0 H} - \tau_* V + D_y \end{cases} \tag{2-7}$$

$$\begin{cases} D_x = \dfrac{E_{h_2}}{H}\left[\left(\dfrac{\cos(\theta_0)}{\cos(\theta)}\right)^2 \dfrac{\partial^2 UH}{\partial x^2} + \dfrac{\partial^2 UH}{\partial y^2}\right] \\[4mm] D_y = \dfrac{E_{h_2}}{H}\left[\left(\dfrac{\cos(\theta_0)}{\cos(\theta)}\right)^2 \dfrac{\partial^2 VH}{\partial x^2} + \dfrac{\partial^2 VH}{\partial y^2}\right] \end{cases} \tag{2-8}$$

GWCE 格式的连续方程则为

$$\frac{\partial^2 \zeta}{\partial t^2} + \tau_0 \frac{\partial \zeta}{\partial t} + S\frac{\partial A_x}{\partial x} + \frac{\partial A_y}{\partial y} - UHS\frac{\partial \tau_0}{\partial x} - VH\frac{\partial \tau_0}{\partial y} - \frac{A_y \tan\phi}{R} = 0 \tag{2-9}$$

$$\begin{cases} A_x = U\dfrac{\partial H}{\partial t} + H\left[\begin{array}{l} -US\dfrac{\partial U}{\partial x} - V\dfrac{\partial U}{\partial y} + fV - S\dfrac{\partial}{\partial x}\left(\dfrac{P_s}{\rho_0} + g\zeta\right) \\[2mm] + \dfrac{\tau_{sx}}{\rho_0 H} - \dfrac{\tau_{bx}}{\rho_0 H} + D_x + T_x + \tau_0 U \end{array}\right] \\[8mm] A_y = V\dfrac{\partial H}{\partial t} + H\left[\begin{array}{l} -US\dfrac{\partial V}{\partial x} - V\dfrac{\partial V}{\partial y} - fU - S\dfrac{\partial}{\partial y}\left(\dfrac{P_s}{\rho_0} + g\zeta\right) \\[2mm] + \dfrac{\tau_{sy}}{\rho_0 H} - \dfrac{\tau_{by}}{\rho_0 H} + D_y + T_y + \tau_0 V \end{array}\right] \end{cases} \tag{2-10}$$

在二维 ADCIRC 模式中,底摩擦有三种可选方案,分别是线性底摩擦、二次底摩擦和混合非线性底摩擦。其中,混合非线性底摩擦方案综合考虑了水深变化对于底摩擦力的影响,在模拟复杂海域和海水漫滩时具有不错的效果。考虑到本章中研究的湛江湾湾内存在大量的浅滩和岛屿,使用简单的线性底摩擦方案或混合底摩擦方案可能会导致模式计算结果不理想,因此,选择了混合底摩擦方案。在该方案中,底摩擦系数的计算公式为

$$F = F_{min} \times \left[1 + \left(\frac{H_b}{H} \right)^\theta \right]^{\frac{\gamma}{\theta}}$$

(2-11)

其中，F 是底摩擦系数，F_{min} 是使用者设置的最小底摩擦系数（本章采用 0.002 5）；H 是随时间和空间变化的水深，H_b 是由使用者设置的阈值，在水深大于 H_b 时，底摩擦系数的计算格式将从曼宁形式转变为二次底摩擦形式；γ（本章采用 0.333 3）和 θ（本章采用 10）是混合底摩擦计算公式中的无量纲参数。为使计算结果更精确，我们在模式中允许干湿网格的存在。

2.2.2　数据来源和预处理

本章所使用的地形数据来源有三个。其中，外海使用的水深数据来自 ETOPO1 全球 1 分数据集（Amante 和 Eakins，2009）；而在湛江湾附近，水深数据来自中国海军航道测量局绘制的湛江湾地区海图。为了使风暴潮漫滩过程贴近实际情况，我们采用 SRTM（The Shuttle Radar Topography Mission）数据作为陆地高程数据，该数据在中国附近的水平分辨率可达 90 m。由于 SRTM 数据采用 EGM96 大地水准面，而海图水深采用的是我国 85 高程，在我国近海两者之间存在 35.7 cm 的高度差（郭海荣，焦文海，和杨元喜，2004）。因此，在使用 SRTM 数据时我们预先将该数据统一减去 35.7 cm 以将数据统一到相同的基准面。台风数据来源于中国气象局的热带气旋最佳路径数据集（Ying 等，2014），采用 1949—2013 年登陆点位于湛江湾 200 km 以内的共 113 场台风的数据。

2.2.3　水位开边界嵌套方法

为了厘清局地风暴潮和非局地风暴潮对于湛江湾内增水分布情况的贡献并解释其原理，我们在模拟中采用了使用水位开边界驱动的 CN 方法。通过设置一个大区和大区内的一个子区，并利用 ADCIRC 自带的水位开边界来驱动子区，我们就可以通过仅使用非局地风暴潮水位驱动开边界而不使用局地风强迫来获得非局地风暴潮增水的结果，再计算同样的包含开边界水位和局地风强迫的算例得到完整的风暴潮增水，通过将非局地风暴潮增水从风暴潮增水中减去，就可以得到局地风暴潮增水。大区和子区的计算范围及地形如图 2-1 所示，大区基本囊括了南海，而子区仅仅包括湛江湾附近一小部分海区。大区共计 36 367 个网格和 18 606 个网格点，网格分辨率从 0.7 km 到 20 km；子区共计 27 487 个网格和 14 607 个网格点，网格分辨率从 0.18 km 到 3 km。所采用的时间步长均为 3 s。

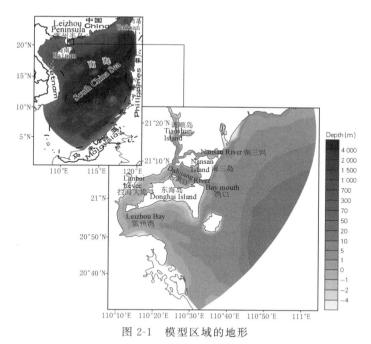

图 2-1　模型区域的地形

（1，2，3 分别代表湛江、硇洲和南渡水位观测站；

左上角是大区所使用的地形，右下角是子区所使用的地形）

大区由海表面的大气强迫和大区开边界上由海面大气压计算得出的水位共同驱动。小区则由三部分驱动，第一部分是与大区一致的海表面的大气强迫，第二部分是由 OTPS 软件（Egbert 和 Erofeeva，2002）计算得到的 M_2、S_2、N_2、K_2、K_1、O_1、P_1 和 Q_1 八个主要分潮驱动，第三部分是由大区计算得到的在子区开边界上的风暴增水。其中，第二部分和第三部分通过在每一个子区开边界点上线性叠加以得到驱动子区的总水位。与计算局地风暴增水的方法类似，为了去除掉潮汐与风暴潮非线性作用对实验的影响，每一个风暴潮过程中也有一个实验不加入第二部分的水位，最终将加入潮汐的实验结果减去不加入潮汐的实验结果得到风暴潮增水。

为了量化局地和非局地大气强迫对风暴增水的影响，远海大气效应（RAE，Remote Atmospheric Effect）定义为每个网格点上的由远海大气强迫引起的最大风暴增水；局地大气效应（LAE，Local Atmospheric Effect）定义为总最大风暴增水与 RAE 之间的差异；局地大气贡献（LAC）是 LAE 对总最大增水高度的贡献，其定义为 LAE 除以每个节点处的总最大增水高度。

2.2.4　模型风场

本章中所使用的台风模型风场是基于 Jelesnianski(1965)所发表的经验公式计算得到的,其公式如下:

$$V_r = V_{\max} \frac{2\dfrac{r}{r_{\max}}}{1+\left(\dfrac{r}{r_{\max}}\right)^2} \tag{2-12}$$

其中,r 是计算点相对于台风中心的距离;$V_{\max}$ 是最大风速;$r_{\max}$ 是最大风速半径。

由于台风移行带来的额外的风速 V_d 也被考虑到并加入经验公式中,设 V_c 为台风的移行速度,则

$$V_d = \begin{cases} V_c \dfrac{r}{r+r_{\max}} & 0 \leqslant r \leqslant r_{\max} \\[2mm] V_c \dfrac{r_{\max}}{r+r_{\max}} & r_{\max} \leqslant r < \infty \end{cases} \tag{2-13}$$

海表面风速可以被定义为

$$V = V_d + V_r \tag{2-14}$$

气压场则是根据地转风关系推算出来:

$$P = P_\infty - \frac{P_\infty - P_c}{1+\left(\dfrac{r}{r_{\max}}\right)^2} \tag{2-15}$$

由于 $r_{\max}$ 和 $V_{\max}$ 并没有在最佳路径数据集中体现出来,我们只能根据经验公式来推算它们的值。其中,$r_{\max}$ 是由江志辉等(2008)根据 1949—2002 年中国热带气旋资料中的最大风速半径和中心气压拟合曲线得到的公式计算得出:

$$r_{\max} = 1\,119(P_\infty - P_c)^{-0.805} \tag{2-16}$$

$V_{\max}$ 根据 Atkinson 和 Holliday(1977)提出的风压关系得出:

$$V_{\max} = 3.0(P_\infty - P_c)^{0.644} \tag{2-17}$$

其中,P_∞ 是无限远处的大气压,本章中取 1 010 hPa;P_c 是由最佳路径数据集获得的逐小时台风中心气压。

需要注意的是,公式(2-17)在原文献中的第一个参数是 6.7,但是在该文中使用的单位是 mile/h(节),而非 m/s。且该公式是用于计算 1 min 平均最大持续海表面风速,而我们所使用的 ADCIRC 模式推荐使用 10 min 平均最大持续海表面风速。根据 Atkinson(1974)的研究,10 min 平均最大持续海表面风速可以通过将 1 min 平均最大持续海表面风速乘以系数 0.88 估计得到。综上所述,我们将(2-17)的第一个系数改为 3.0,以匹配我们所使用的变量单位。

2.3　模式验证

由于我们主要关注灾害性的风暴潮过程,在对 113 场台风进行了模拟后,将在湛江港处最大风暴增水不足 0.5 m 的风暴潮过程剔除掉。这样可以从剩下的 66 场台风过程中更有针对性地分析出对湛江湾风暴潮产生主要影响的因素。模拟的台风过程如图 2-2 所示。为验证模型的准确性,模型计算得到的最大增水将与 10 场台风风暴潮过程中的潮位站观测值作比较。观测资料来源于陈奕德等(2002);马经广和胡建华(2004);石海莹和黄厚衡(2013);王欣睿等(2008);张文静、朱首贤和黄韦艮(2009)以及中国国家海洋局。验证结果如表 2-1 所示。

结果显示,在大部分算例里最大风暴潮增水的模拟值与验潮站观测值比较接近,但是在部分算例中,模拟结果与观测结果偏差稍大,这是因为经验风场模型的各项参数是基于统计结果得来,而部分台风形态与统计结果偏离较远(图 2-3)。具体而言,我们所使用的台风模型中,最大风速半径和最大风速由台风中心气压决定。统计结果显示最大风速半径随中心气压的降低而减小,但个别台风就兼具极低的台风中心气压和较大的最大风速半径,典型的比如卡特琳娜飓风。正因如此,卡特琳娜飓风导致了极其严重的风暴潮灾害(Fritz 等,2007;Irish,Resio 和 Ratcliff,2008)。在 Jelesnianski 台风模型中,风浪对台风不对称性和海表面粗糙度的影响也被忽略了,这使得台风模型预测的风速可能大于实际风速,因此,本研究所得出的结果可能会对风应力的作用有一定高估。

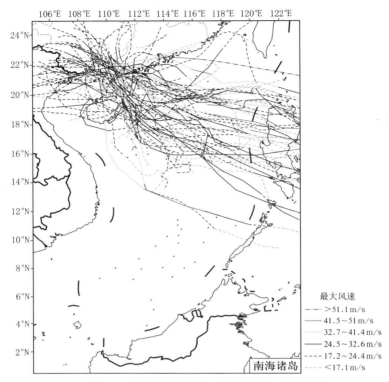

图 2-2　实验所用的历史台风路径和最大风速

表 2-1　10 场台风风暴潮过程最大风暴增水验证结果

	台风编号	6311	6508	7220	7406	8007	9615	9803	0307	0606	1117
模拟值 （cm）	硇洲							61	100	75	304
	南渡					568			102		
	湛江	253	333	237	218	453	202		138		336
观测值 （cm）	硇洲							41	135	112	270
	南渡					594			128		
	湛江	266	240	215	242	465	150		127		287
相对误 差（%）	硇洲							49	−26	−33	13
	南渡					−4			−20		
	湛江	−5	39	10	−10	−3	35		9		17

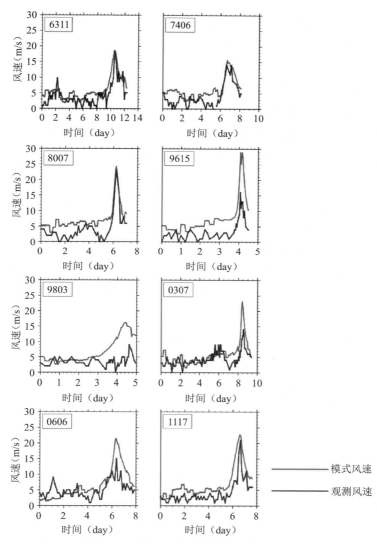

图 2-3　湛江站 8 场历史台风过程中的观测风速与模式风速

2.4　湛江湾风暴潮增水分布

　　为研究湾内的风暴潮增水空间分布情况,我们把湾内所有计算点在每一场风暴潮过程中的最大风暴增水高度都记录下来以作研究。在讨论不同的气象和地理因素是如何影响增水的空间分布之前,首先对这些分布形态进行分类。对防灾减灾来说,一般我们最关心的是各处的最大增水高度。因此,尽管大部分过程中湾内各处并不是同时达到最大增水,我们也同样选择整个过程中每一个记录点的最大增水高度而非风暴潮过程中某一时刻所有记录点的增水高度来作为研究对象。

2.4.1 湛江湾内风暴潮增水的分布形态

在研究过程中,我们发现湾内的增水分布形态随台风过程的变化而变化,但总体而言,在单独的某一场过程中,各记录点的增水梯度方向是比较一致的,因此,我们可以用向量 D 来代表湛江湾内的增水方向:

$$D = (\sum_{i=1}^{n} S_i D_i) / \sum_{i=1}^{n} S_i \tag{2-18}$$

其中,D_i 是湾内每一个网格在 $x\text{-}y$ 平面上的增水梯度;S_i 是每一个网格的面积。通过简单的计算,我们就可以得出 D 在笛卡尔坐标系中相对于正东方向的角度 α,再根据 α 我们就可以定义不同的增水分布形态。其中,$315° > \alpha \geqslant 225°$ 的算例称为 N—S 型算例,这表示在该形态中,风暴增水的梯度自北指向南;$135° > \alpha \geqslant 45°$ 的称为 S—N 型,表示风暴增水的梯度自南向北;$225° > \alpha \geqslant 135°$ 的称为 E—W 型,表示增水梯度自西向东。由于在我们的实验中未发现增水梯度自东指向西的算例,因此在分类中未予以体现。66 个过程中,共计有 17 个 N—S 型算例,16 个表现为 S—N 形态,还剩 33 个是 E—W 形态。图 2-4 展现了每个形态中所有记录点的平均最大增水。从图上来看,我们使用的分类方法基本可以正确地判断风暴增水的空间分布形态。由于局地作用和非局地作用在各个分布形态中贡献大小存在差异,我们在后文中将对他们在每个形态中的作用分别进行介绍,并解释其影响机制。

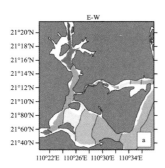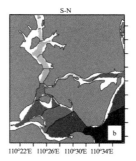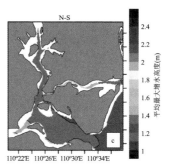

图 2-4　三种类型下的平均最大增水分布

2.4.2 台风路径和强度对风暴增水分布的影响

在分析各种不同的分布形态时,我们发现这些形态的形成机制与台风路径有较密切的联系。在某些算例中,台风的强度在增水分布形态的形成过程中也扮演了重要的角色。造成三种不同类型的增水分布形态的台风路径具有相当明显的特征,但是有部分引起 N—S 型分布形态的台风路径与造成 E—W 型的路径比较相似,另外 S—N 型的一些台风路径也与 E—W 型的路径比较接近,这是因为 E—W 是 S—N 向 N—S 过渡的形态。为了解释台风路径是如何塑造增水分布形态的,我们引入另外两个概念:湛江港的最大增水发生时刻(TMS,Time of the Maximum Surge)和当湛江港发生最大增水时台风中心所处的位置。我们将以类似的机制引起相同的增水分布形态的台风路径分为 8 个子分类,分别以分类 A—H 表示(图 2-5),每一场台风过程中湛江站发生最大增水时的台风中心位置也分别以红圈体现在图 2-5 的每一个子图中。

根据台风路径和台风强度的差异,E—W 型的台风路径被进一步分为 4 个子分类,分别为子分类 A、B、C、D。A 类台风基本先移行到雷州半岛东南部及海南岛地区 18°N～21°N,110°E～112°E 的区域,随后继续向西移动;B 类台风前半段与 A 类相似,但是在经过 110°N 以后转而向北;C 类台风前期与 A、B 两类一致,但是在越过 110°N 之前就转向北方;D 类台风比较特殊,是自东北向西南移动。N—S 型被进一步分为 E 和 F 两类,E 类台风首先到达湛江东南外海 20°N～21°N,111°E～114°E 位置,然后继续向西北移动;F 类和 C 类的路径非常相似,但是台风强度却明显大于 C 类。根据公式(2-16)和(2-17),气压的升高将减弱局部最大风速并且增加最大风速半径,扩大台风的影响范围,这会导致 TMS 更早到来,这就是 F 类中红圈相对更靠南的原因。S—N 型台风的路径相对简单,一种是自南向北穿过湛江湾以西外海(G 类),另一种是自东向西穿过湛江湾北部(H 类)。

显然,每一型的台风风暴潮过程的最大增水发生时刻的台风中心位置都集中于一个小区域。其中,E—W 型的集中在雷州半岛东南和海南岛 109°E～111°E,18°N～21°N 的位置。N—S 型的集中在湛江湾东南外海 111°E～114°E,20°N～21°N。而 S—N 型的则集中在湛江湾以西和西北方向 119°E～111°E,21°N～23°N 的区域内。

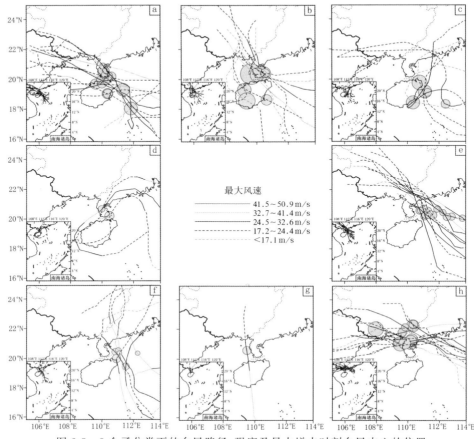

图 2-5　8 个子分类下的台风路径、强度及最大增水时刻台风中心的位置
（红圈的半径代表最大风速半径，子图 a～h 分别代表台风子类 A～H）

巧合的是，这些风暴潮过程中的 TMS 与非局地风暴潮作用导致的最大增水时刻（以后简写为 TMSR）极为接近，其平均差异仅在 2.3 小时。而局地风暴潮作用导致的最大增水时刻（以后简写为 TMSL）与 TMS 的平均差异达到了 15.3 小时，这意味着对湛江湾来说，局地作用对于 TMS 可能无法产生决定性的影响，进一步说，湛江湾增水最主要还是由外海传入的风暴潮导致的。为了明确非局地作用和局地作用在增水高度与增水高度分布中分别起到什么样的作用，我们将局地作用、非局地作用以及两者之和的增水梯度向量和湾内平均增水高度展示在图 2-6 中，平均增水高度的计算方法见式（2-19）：

$$H = \frac{\sum_{i=1}^{n1} S_i E_i}{\sum_{i=1}^{n1} S_i}$$

（2-19）

其中,H 是湛江湾内的平均增水高度;E_i 是第 i 个三角元上三个点增水值的算术平均;S_i 是第 i 个三角元的面积;H_R 是由非局地作用导致的平均增水高度;H_L 是局地作用导致的平均增水高度。相应地,D 是由公式(2-19)计算得到的增水梯度方向,D_L 是由局地作用引起的增水梯度方向,D_R 是由非局地作用引起的增水梯度方向。

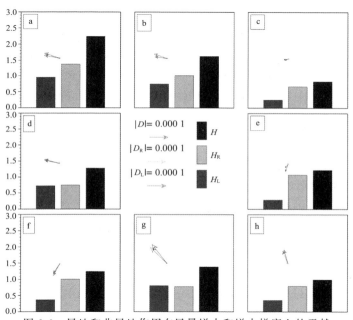

图 2-6　局地和非局地作用在风暴增水和增水梯度上的贡献

（H_L、H_R 和 H 分别代表局地作用、非局地作用和它们的和造成的平均最大增水,

D_L、D_R 和 D 分别代表局地作用、非局地作用和它们之和造成的水位梯度。

子图 a～h 分别代表分类 A～H）

　　如图 2-6 所示,D_L、D_R、H_L 和 H_R 随台风分类的变化而变化。然而,不管是哪种类型,D 在大小和方向上始终与 D_L 保持高度一致,D_R 在大部分分类里大小较小,方向上也与 D 不一致,对整个湾内增水分布的影响非常小。在 A、B、C、E、F 和 H 类中,H_L 都小于 H_R,尤其是 C、E、F 和 H 类。虽然非局地作用引起的增水高度在大部分情况下高于局地作用引起的增水,但局地作用也与非局地作用大小基本保持同一量级,不可以被忽略。综上,我们可以合理地推

27

断风暴最大增水时刻是在湛江湾口发生最大增水以后很短时间内，而在海水被推入湛江湾以后，局地作用控制湾内的水发生再分布，造成了增水分布不均匀的情况。

局地作用控制分布形态与湛江湾的特性密切相关，首先湛江湾相对于 Soontiens 等（2016）提到的乔治亚海峡来说是一个水相对较浅的海湾，而且此地地处低纬度地区，易发的台风风暴潮强度也远大于乔治亚海峡发生的温带气旋风暴潮。根据 Pugh（2004）的研究，海面水位梯度可根据公式（2-20）估计：

$$\text{slope} = \frac{C \rho_{\text{air}} U_w{}^2}{g \rho_0 Dc} \qquad (2\text{-}20)$$

其中，C 是底摩擦系数；ρ_{air} 是空气密度；U_w 是风速；g 是重力加速度；ρ_0 是海水密度；Dc 是平均水深。我们以 E—W 型中湛江湾西南部和东南部的增水高度为例，两者相距约 16 km；根据计算 Dc 约 8.1 m；在台风靠近湛江湾时，其平均最大风速为 25 m/s；C 在我们模式中当水深大于 1 m 时取 0.002 5，ρ_0 和 ρ_{air} 分别为 1 028 kg/m³ 和 1.15 kg/m³；g 取 9.80 m/s²。根据公式计算得到的梯度值为 2.22×10^{-5}，乘以两者间距后可得 0.34 m，这与模拟结果相当接近。这表明在浅水海湾 E—W 型风暴潮过程中，在风速比较大时，局地作用引起的增水梯度会快速达到稳定状态。除了水深以外，湛江湾的岸线也对此有很大的贡献，相对于默西河的情况（Jones and Davies，2009），湛江湾下游具有相对宽广的水域，使得有足够大的风区供台风向海表面传递能量。而且这种人字形的岸线构造也给海水向各个方向堆积提供了空间。为了进一步了解是否大多数算例中的水位梯度都与公式（2-20）一致，我们将每一个算例的水位梯度与最大风速作图（图 2-7）。可以看到，大多数 S—N 型和 E—W 型的算例的梯度是接近估计值的。但是，约 1/3 的 N—S 型算例的水位梯度值则显著低于估计值。一种可能的原因是在部分 N—S 型台风中，由于风速较小，湾内各处达到最大增水高度的时间不一致，也就是说湾内水位分布比较难以达到稳定状态，因此，梯度显著低于估计值的台风场次中大部分台风最大风速较低；还有一种原因是，风速还没有达到最大时湾内增水就已经达到稳定状态了，如在 H 类中，湛江站达到最大增水时台风中心的位置集中在湛江湾西北部，这时当地风速已经低于计算得到的台风的最大风速，因为此时在湛江湾，台风的移行速度与旋转风场相互抵消，且通常台风登陆后风速会因为地表摩擦力大于海面摩擦力而减小。

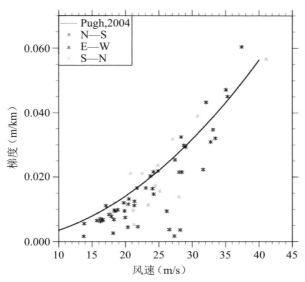

图 2-7　湛江站处的最大增水高度与最大风速

（每一个 ＊记号代表一次风暴潮事件）

不仅台风路径,台风强度也对湾内的增水分布有显著的影响。本研究中,台风的强度是受台风中心气压、最大风速和最大风速半径控制的。因为我们采用经验公式作为台风模型,所以实际上最大风速和最大风速半径也是由台风中心气压决定的。因此,我们以台风中心气压作为台风强度的影响因子,设计了一系列数值实验来估计台风强度对增水分布形态的影响。我们以8411号台风作为研究对象,因为该台风路径较直,增水曲线波动较少,过程简单;造成的风暴增水高度也很高,有讨论的价值。

实验设置如表 2-2 所示,共设计了 4 组实验。其中第 1、2、3 组实验中变化的分别是中心气压、最大风速半径和最大风速。第 4 组实验则三种变量一起变化。其中,每个实验组有 5 种情景,分别对应 Δp 从 -10 渐变到 10,共 17 个实验情景。在每个情景实验中,我们以最大风暴增水、湾内增水梯度、LAE 和 TMS 作为估计这三种变量对增水分布的指数。上面 4 个指数的变化趋势见图 2-8。

在第一组实验中,最大增水高度随中心气压升高而降低,这是因为由于反气压导致的外海水位提升减弱了,传到子区边界的水位也相对减弱,但 LAC 却因为局地风速没有跟随中心气压的变化,使得局地作用变化不大,在总增水减小的情况下局地作用贡献相对提高了。但是当仅改变中心气压时,4 个因子的变化都还是相对平缓的,这也说明湛江湾内的风暴增水不是直接受到中心气压影响的。

表 2-2   情景实验设置(Δp 以 5 hPa 为步长从 -10 hPa 变到 10 hPa)

	中心气压	最大风速半径	最大风速
第一组	$p+\Delta p$	$r_{\max}(p)$	$h_{\max}(p)$
第二组	p	$r_{\max}(p+\Delta p)$	$h_{\max}(p)$
第三组	p	$r_{\max}(p)$	$h_{\max}(p+\Delta p)$
第四组	$p+\Delta p$	$r_{\max}(p+\Delta p)$	$h_{\max}(p+\Delta p)$

在第二组实验中,最大风速半径随中心气压的升高而增大了。我们可以看出,最大风速半径的正向变化明显抬高了风暴增水的高度。LAC 也随之急剧上升,这是因为影响湛江的高风速区域明显扩大,局地的风应力相比原先大大提高。同时,增水梯度的方向也随之向北倾斜,TMS 也随最大风速半径的增大而更晚到来。

在第三组中,最大风速随中心气压的降低而降低,最大增水也随之降低。因为风速的下降,局地作用也相对下降,导致 LAC 随之减小。增水方向也向北偏移。最大风速对 TMS 的影响看起来比其他两个因子更强,风速越大,TMS 越晚。

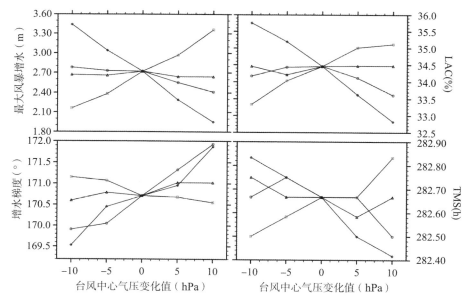

图 2-8   4 组实验中湛江站的最大增水、增水梯度方向、LAC 和 TMS

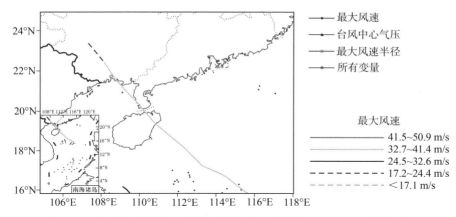

图 2-8 4组实验中湛江站的最大增水、增水梯度方向、LAC 和 TMS(序)

在第四组中,3 种因素共同变化,因为中心气压对于最大增水的影响较小,所以影响最大增水趋势的主要原因是最大风速半径和最大风速随气压变化的两种相反的作用。在实验范围内,两者随气压的变化基本是线性的,但最大风速对增水的作用要略微强于最大风速半径对增水的作用,即随气压升高,增水高度降低。

从图 2-8 中,我们也可以发现 LAC 与最大增水呈现正相关,也就是说,风暴潮越强时,局地作用的贡献越大。这意味着对于极强的风暴过程,准确的局地风场作用更为重要。上面讨论的三个变量都不仅影响增水的高度,也影响局地作用的贡献以及增水的分布形态。总的来说,当台风较弱时TMS 的到来更早,其中,最重要的变量是最大风速。当考虑对增水方向的影响时,最大风速半径和最大风速都很重要,但是它们对增水方向的影响是相反的。

2.4.3 局地水深和岸线的变化对增水分布的影响

为研究水深变化对风暴增水分布的影响,我们计算了海平面上升0.22 m 和 0.88 m 两种情景下的所有 66 个算例。然后对计算后得出的结果进行增水分布形态分类,结果发现虽然各算例中增水分布形态发生了微小改变,但是分类结果并没有改变。海平面上升对增水带来的变化被反映在图 2-9 和图 2-10 中。总的看来,局地作用在海平面上升的过程中被削弱了,而非局地作用有所增强。但是 LAE 的变化程度大于 RAE,导致湾内的总增水降低了。无论在哪一个情景分类中,LAE 总是在西南角和南三河东部较强,这可能主要与这两个区域水深较浅有关。另外值得一提的是,由于水深变化带来的风暴增水高度变化比水深变化本身小一个量级,这意味着对于湛江湾来说,海平面上升本身而非海面上升带来的风暴潮强度变化,对于湾内防灾减灾来说才是更值得注意的。但是由于海面上升带来的潮汐变化有可能对风暴潮带来较大的改变(Feng,Jiang 和 Bian,2014)。

为讨论岸线变化给风暴潮增水分布带来的影响,我们在每一场风暴潮过程中对比了打开和关闭湛江西南部东海岛拦海大堤对风暴增水带来的影响(图 2-11)。拦海大堤阻断了湛江湾和雷州湾的水交换。不仅如此,由于拦海大堤的建立,湾内的平均最大增水相比没有海堤时在不同区域提高了 1～8 cm。对于 E—W 和 N—S 型的过程,增水分布变化的趋势基本一致,都是西南部海堤附近增长较高,增水变化幅度从西南到东北逐渐减小。S—N 型具有不同的变化趋势,海堤的建设使得湾北部增水更高了,而南部变化不明显。

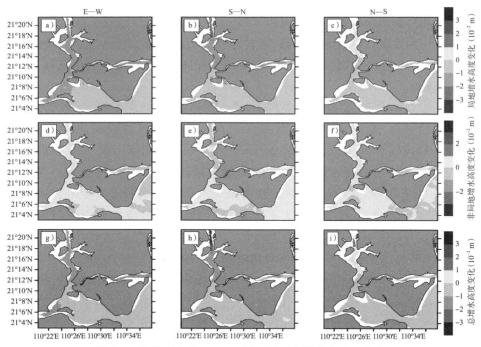

图 2-9　海平面上升 0.22 m 情景下湾内增水高度的变化

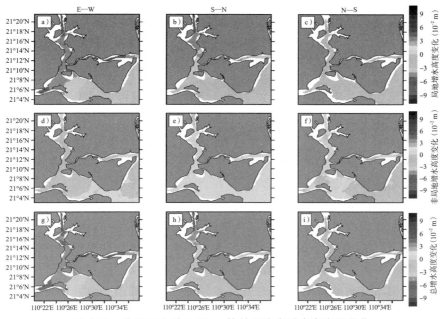

图 2-10　海平面上升 0.88 m 情景下湾内增水高度的变化

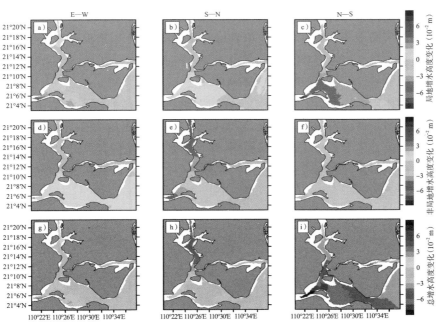

图 2-11　去掉拦海大堤后湛江湾内各分布型平均最大增水的变化

2.5 小结

本章内容对 1.1.3 节的第一个问题作出了解答,有如下发现:第一,在像湛江湾这样的浅水区域中,风暴潮分布是极为不均匀的,在某些特定的台风风场情况下更是如此。比如,在 E—W 型的 33 场风暴潮过程中的平均最大增水在湾内的差异在 1 m 以上,这提醒我们,对于上述的地区海湾内某一点的台站数据计算出的增水极值无法为整个海湾海堤设计标准提供参考,把风暴潮数值模拟的计算结果考虑进去是对海堤设计标准的有效补充。第二,海堤的建设会对湾内风暴增水情况造成明显的影响,以在当前未建设海堤的状态下记录的水位为基础得出的极值水位回归值必然与建设了海堤以后的回归值不一致,对于这种动态相互作用的过程使用多情境风暴潮数值模拟相对更有优势。

同样,仅仅使用单一的一场可能最大台风来预测研究区域可能的最大漫滩情况也是不够的。我们的研究表明,不同路径和强度的台风过程会使得湾内增水高度和增水分布都发生变化,这意味着仅用一场可能最大台风作为堤围建设的参考缺乏普遍意义,可能会在不同型的台风到来时造成未曾预料的灾害。在本章的实验中,海平面上升对风暴潮增水带来的影响相对较小,因此,利用过去的风暴潮资料是可行的,只需要在使用过往数据时在获得计算结果后考虑加上相应的海平面变化项就可以了。但是也有学者提出,由于水深增加导致的天文潮振幅加大也会对风暴潮总水位产生影响(Feng,Jiang 和 Bian,2014),因此,在实际研究时,须对不同研究区域仔细讨论。

通过使用 CN 方法,我们的实验证明在湛江湾这样的浅水海湾中,局地作用不光对增水极值有较强的贡献,还对增水分布作出了绝大部分贡献,台风参数的一点偏差也会使得结果大不相同,并且越是强度大的台风过程中局地风场的作用越是明显,因此,在做小尺度的风暴潮研究时,高分辨率的风场是至关重要的。

3 子域模拟方法在台风风暴潮模拟中的应用
——以美国东岸为例

本章所要解决的主要问题是 1.1.3 中的问题二,即如何在保证计算准确度的情况下提高计算效率以减少遗传算法所需的大量计算时间。我们已经使用 CN 方法提高了多情境模拟的计算效率,但是 CN 方法必须在合适的条件下才能被使用。在 1.1.2 节中我们提到了最新提出的 CSM 方法,这种方法相对于 CN 方法可使用的范围更广且更精确,我们将在本章中介绍该方法与 CN 方法的区别。但由于这是一种新近提出的技术,如果我们想用以往计算的结果来进行计算,会发现在很多情况下,无法得到在我们需要的计算区域的边界点上的各种变量的输出。这对于利用过往的大部分资料作为遗传算法的计算条件是一种阻碍。因此,本章在使用 CSM 方法的同时也为 CSM 方法开发了一项新功能,该功能旨在不重新计算全域的情况下,利用已保存的水位流速数据集进行子域模拟,我们将此项功能称作高分辨率数据重建技术(RRA,Resolution Recovery Approach)。

由于过去的 ADCIRC 模拟一般都保存了时间分辨率较粗(一般是 15 min 或 30 min 一个记录)的所有网格点的水位和流速记录。RRA 的开发初衷就是将这些数据利用起来。由于这些数据包含一个过程中每一个网格点上的水位和流速记录,因此我们可以选择任何一条网格中的闭合折线作为子域的边界。所以 RRA 须解决的仅仅是以一种合理的方法将粗时间分辨率的水位和流速记录插值到较细的时间序列上,然后将拟合后的边界条件将应用于子域的边界作为子域运行的驱动条件输入。

3.1 子域模拟方法的实现

使用 CN、CSM 方法和 RRA 技术进行子域模拟的流程图如图 3-1 所示,CN 方法在前文中已经介绍过,就不再赘述。CSM 和 RRA 及它们的变种方法生成子域边界条件的具体实现流程如下。

● CSM：首先确定子域范围，然后以一定的采样频率在全域计算过程中对子域边界点对应的全域计算格点进行采样。采样的变量包括水位、水平流速的 x 分量、水平流速的 y 分量以及干湿状态。采样数据的保存文件为 fort.065，该文件随后被用于生成子域的边界输入文件 fort.019。fort.019 文件会被用于驱动子域边界。一般来说，在实际应用时，我们通常使用 $1 \sim 2$ min 的采样频率。因此，子域模拟一般能够捕捉到全域计算所能捕捉到的几乎所有物理过程。在每一个对全域采样的时间步对应的子域的计算步上，ADCIRC 都会从该文件中读取相应的变量，然后水位和流速被线性插值到每一个计算步上，干湿状态则在两个采样的时间步之间保持不变。

● SSM：在使用 RRA 时，我们无法从 ADCIRC 的输出文件中找到干湿状态记录，因此，让 ADCIRC 通过计算点的水位和流速自行计算干湿状态。为了确定这种方法是否影响计算结果的准确性，我们在实验中应用了一种不使用采样的干湿状态而以 ADCIRC 自己来判定干湿状态的方法——简化子域模拟（SSM，Simplified Subdomain Modeling）来作为 CSM 的对比实验，并通过 SSM 和 CSM 的结果对比，来研究不使用采样的干湿状态对模式进行强迫对结果的影响。

● RRA：如之前所指出的，在 CSM 出现之前，大量 ADCIRC 模型计算中，尽管研究者们一般保留了水位和流速记录文件，但是这些文件往往在时间分辨率上不够高。本方法意在使用数值手段将已存在的时间分辨率较粗的数据还原成结果相对较好的高时间分辨率的子域边界条件。在本方法中，子域边界强迫文件的生成将用到全域模拟所获得的子域边界点对应的全域中的格点的最大水位及其发生时刻、格点水位时间序列和格点流速时间序列。格点最大水位被嵌入对应时刻的水位时间序列中，然后利用三次样条函数将流速时间序列和新的水位时间序列插值到更高时间分辨率的新的水位和流速时间序列中。为了不引入新的误差，任何处于原时间序列两个相邻的干状态（在水位记录文件中标记为 $-99\,999$，即表示该点在该时刻为干点）之间的新序列上的非零水位和流速值被强制修改为 0。修改后的水位和流速时间序列作为子域的边界条件在相应的计算步上被模式读入。这一切通过 Python 脚本实现，三次样条插值方法从 scipy 库中获得。须指出，我们之所以没有用到 ADCIRC 输出的最大流速数据，是因为该数据所记录的最大流速是流速的模，由于无法得出其在 x 和 y 方向上的分量，我们无法将该数据用于改善插值结果。三次样条函数将穿过每一个插值的取样点，在相邻两个采样点之间

是一个三次函数,其一次导数和二次导数也具有连续性,样条插值符合以下公式:

$$S(x_i)=y_i, S(x_{i+1})=y_{i+1} \tag{3-1}$$

$$S(x)=a_i x^3+b_i x^2+c_i x+d_i, \text{where } x_i < x < x_{i+1} \tag{3-2}$$

$$S(x^-)=S(x^+), S'(x^-)=S'(x^+), S''(x^-)=S''(x^+) \tag{3-3}$$

其中,S 是三次样条插值函数,a_i, b_i, c_i 和 d_i 是在第 i 个三次样条函数片段中的系数,x_i 和 x_{i+1} 是该片段左右两端记录点的 x 坐标,y_i 和 y_{i+1} 是该片段左右两端的记录点的函数值,x^- 和 x^+ 代表 x 两侧的极限,S' 和 S'' 分别是 S 的一次和二次导数。

● RRA_M1:由于最大流速及其时刻在 ADCIRC 的 V51 版本之前并不都输出,我们需要考虑在没有最大水位作为可用的数据时 RRA 技术是否还能取得可靠的结果。因此,RRA_M1 作为一个不使用最大流速的方法被提出来,并与其他方法对比以确定在相对更老的数据集中我们的方法能否适用。

● RRA_M2:三次样条插值并不是我们尝试的唯一方法,我们还使用了线性插值(也可称为一次线性样条插值)方法来还原水位和流速曲线,线性插值函数具有稳定性和连续性,且被许多研究用于将低时空分辨率的水位和流速插值到高时空分辨率的网格点上,这种方法我们称为 RRA_M2。需要注意的是,虽然 RRA_M2 和 CN 一样都使用线性插值,但是,RRA_M2 是基于 CSM 的采用了全包型边界并加入了最大水位记录的,用水位和流速一起驱动的方法。从理论上使用 RRA_M2 的结果应该是好于 CN 的结果的。一次线性样条插值公式如下:

$$S_l(x)=y_i+\frac{y_{i+1}-y_i}{x_{i+1}-x_i}(x-x_i) \tag{3-4}$$

其中,S_l 是线性插值函数。二次样条插值虽然光滑但是其波动太大,不符合实际情况,因此未被采用,更高次的多项式插值易产生荣格现象,也未被采用。

为使读者形象地了解使用不同函数插值得到的高时间分辨率的水位时间序列有何区别,我们截取了一段 Fran 飓风过程中北卡罗来纳外海一点的水位时间序列,并展示了用上述 6 种方法拟合得到的水位曲线(图 3-2)。

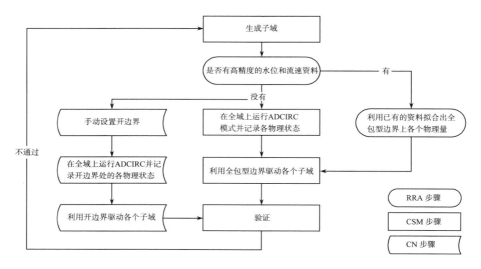

图 3-1　CN、CSM 和 RRA 运行流程图

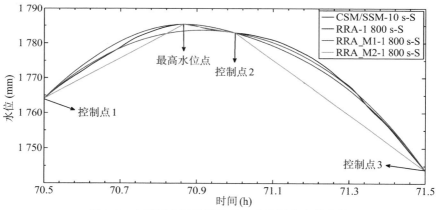

图 3-2　由不同方法插值的某一个边界点上的水位

（控制点和最高水位点分别是使用的水位采样点和水位最大值记录）

3.1.1　算例介绍

出于对算例稳定性和模拟情景多样性的考虑，我们采用 ADCIRC 官方网站上的两个潮汐模拟的例子，以及两场使用 ADCIRC 模型开发组提供的 NC FEMA Mesh Version 9.98 网格的风暴潮过程模拟算例作为研究实例。这些算例都经过了大量的 ADCIRC 研究者和使用者的测试，具有较高的可靠性。它们分别是：

（1）Shinnecock Inlet 潮汐研究算例；

（2）Idealized Inlet 潮汐研究算例；

（3）Cape Fear 在飓风 Fran 驱动下的风暴潮算例；

（4）Cape Hatteras 在飓风 Isabel 驱动下的风暴潮算例。

以上所有算例的控制文件都来自 ADCIRC 模型开发组。所有的结果都由比较子域和全域模拟结果在每个输出时间步长上的差异得来。比较的变量包括水位时间序列、流速时间序列和最大水位值。我们利用平均误差（AE，Average Error）和最大误差（ME，Maximum Error）的累积误差函数（CDF，Cumulative Distribution Function）来展示水位时间序列和流速时间序列的模拟准确度。利用最大水位误差（MEE，Maximum Elevation Error）的 CDF 函数展示子域的最大增水模拟准确度。AE、ME 和 MEE 的定义如下：

$$AE = \frac{\sum_1^n |e_t - E_t|}{n} \tag{3-5}$$

$$ME = \max|e_t - E_t| \tag{3-6}$$

$$MEE = |\max(e) - \max(E)| \tag{3-7}$$

其中，e_t 和 E_t 是子域和全域的每个点在时刻 t 的水位记录；n 是记录次数；$\max(e)$ 和 $\max(E)$ 是子域和全域每个点的最大水位。

3.1.2 Shinnecock 算例

Shinnecock 案例最早被用于研究 Shinnecock 湾口的潮汐水动力（Morang，1999；Williams，Morang 和 Lillycrop，1998）。Shinnecock 是美国长岛外海岸的一个堰洲岛（图 3-3）。该网格水平分辨率最低处约 2 km，最高处约 75 m。水深最深处约 58 m，最浅处高出水面 2 m。使用混合非线性底摩擦，重力加速度设为 9.8 m/s^2。最小漫水深度和最小漫水流速分别被设为 0.05 m 和 0.02 m/s。模式运行时间 5 天，时间步长为 6 s。共有 M$_2$、N$_2$、S$_2$、K$_1$、O$_1$ 五个分潮用于驱动计算域的半圆形开边界。尽管这个计算案例并不详尽也不精细，但它作为评估 CSM 和 RRA 等方法的算例是可以胜任的。三个子域网格是以 72.47°W，40.84°N 为中心，半径分别为 0.15°、0.20° 和 0.25° 的从 Shinnecock 网格划分出的子网格，如图 3-3 所示的 S、M 和 L 部分。

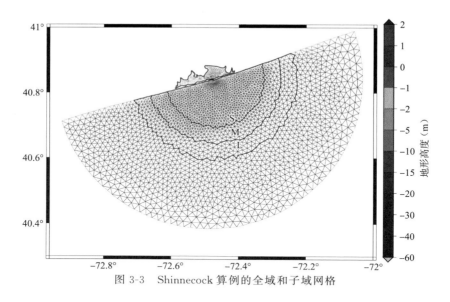

图 3-3　Shinnecock 算例的全域和子域网格

3.1.3　Idealized Inlet 算例

Idealized Inlet 算例是另一个可以从 ADCIRC 官网获得的测试算例,网格如图 3-4 所示。其水深从 $y=0$ m 到 $y=20\,000$ m 处线性递减。其中在 $y=0$ m 处水深 14 m,在 $y=20\,000$ m 处水深 5 m。当 $y>20\,000$ m 时水深保持 5 m 不变。除了将运行时长从 3.6 天延长到 32 天以外,我们并没有对 ADCIRC 官网的参数作出其他改变——其中,头三天稳定模式,并在比较结果时被剔除。该算例的时间步长为 10 s,使用二次底摩擦方案,平流项和时间导数项也被纳入模式计算中,由于没有可供漫滩的地形,该实验中没有考虑干湿网格。重力加速度为 9.81 m/s^2,科氏参数为 8.29×10^{-5} rad/s。仅有 M$_2$ 分潮被作为开边界($y=0$)强迫,其振幅为 0.15 m。子网格是以湾口为中心的半径分别为 4 000 m、8 000 m 和 16 000 m 的以窄通道连接的半圆,分别以 S、M 和 L 标注在图 3-4 中。

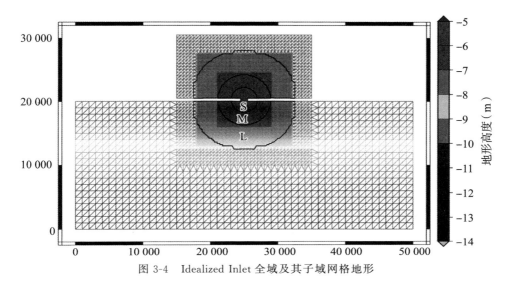

图 3-4　Idealized Inlet 全域及其子域网格地形

3.1.4　Cape Fear 算例

Cape Fear 算例研究利用了 NC FEMA Mesh Version 9.98 网格及其相应的模式控制文件。该网格是一个大规模的网格,被美国海军工程兵部队及其他多家机构用作美国东海岸风暴潮和潮汐模拟与研究的基础网格。该网格范围包括了西北大西洋、加勒比海和墨西哥湾地区,共计 622 946 个网格点和 1 230 430 个三角网格,如图 3-5 所示。其开边界是网格最东方的经向直线,在做风暴潮模拟时,采用自由水位开边界。该算例使用的风场来自发生于 1996 年的 Fran 飓风,其风应力由 Garratt's 公式(Garratt,1977)计算得出。7 种包括表面方向有效粗糙长度、表面冠层系数、海底曼宁系数、连续方程中的原始加权、动量方程的水平涡黏性、三角元坡度限制和大地水准面以上的海面高度在内的属性被赋值到每一个格点。计算的时间步长为 0.5 s。重力加速度为 9.8 m/s²。最小满水深度和最小漫水速度分别为 0.1 m 和 0.01 m/s。底摩擦方案采用的是二次底摩擦方案,平流项的空间和时间导数项都被考虑到模式计算中。Fran 飓风风暴潮算例的运行时长为 3.9 天。其中我们关注的 Cape Fear 地区三个子域网格中心点位于 $-78°E$,33.93°N,半径分别为 0.15°、0.30° 和 0.60°,分别以 S、M 和 L 表示图 3-6 Cape Fear 的大、中、小 3 个子域。

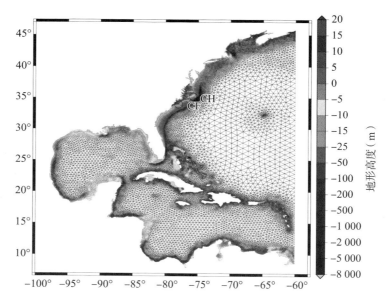

图 3-5   Cape Fear(CF)和 Cape Hatteras(CH)算例
所使用的全域和子域网格(黑圈)及其地形

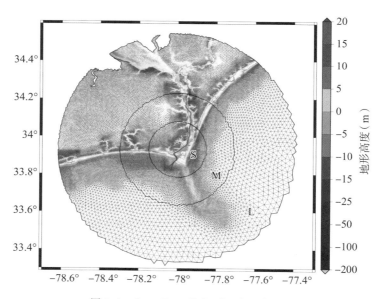

图 3-6   Cape Fear 的大、中、小 3 个子域

3.1.5 Cape Hatteras 算例

Cape Hatteras 算例中除了运行时长调整为 5.4 天以外,其他所有的设置
与 Cape Fear 并无二致。驱动该风暴潮的是发生于 2003 年的 Isabel 飓风。子
网格是由中心位于 $-75.75°E,35.2°N$ 的半径分别为 0.15°,0.30°和 0.60°的从
全域网格中切割出的同心圆构成,相应地用 S、M 和 L 标注在图 3-7 中。由于
我们使用了多个不同大小的子网格和多种边界强迫技术,并且使用的原始数据
时间分辨率也各不相同。因此,我们将结果以"使用的重模拟技术-原始数据的
采样时间间隔-子网格的大小"来对各个结果命名。比如,CSM-40 s-S 表示使
用 CSM 方法的,采样间隔 40 s 的,采用某算例中最小的子网格计算的子域模
拟结果。相应地,CSM-40 s-M 和 CSM-40 s-L 代表采用相同方法和相同采样
间隔的,中等大小和最大的子域网格获得的结果。

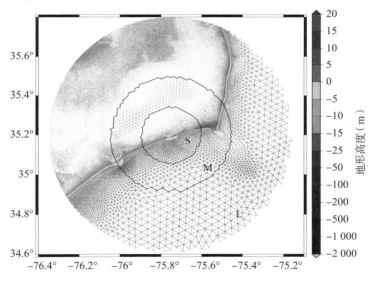

图 3-7 Cape Hatteras 子域网格及其地形

3.2 CSM 方法的技术特点

由于 RRA 技术是基于 CSM 方法开发的,因此,理论上不光继承了 CSM
的优势,也继承了 CSM 方法的劣势。综合研究 CSM 方法的使用限制和影响
其模拟准确度的因素对正确使用 RRA 是非常重要的。由于 CSM 允许使用者
自行选择边界点的采样频率、子域大小和形状,因此,我们将主要从这几方面来
对 CSM 方法进行测试。在全面地测试 CSM 和 RRA 之前,我们需要先说明为

什么比起 CN 方法它们是更合适的嵌套网格方法。

3.2.1　全包型边界相对于水位开边界的优势

我们以 Shinnecock Bay 为例,在子域模拟方法中,驱动子区域模拟的边界是由子域网格的外包线上所有点组成,无论这些点在全域模式设置中是陆地边界还是水位边界;而 CN 方法则不然,在 CN 方法中,驱动子域的边界由子域网格外包线上大于一定水深的点组成。这是因为在水位开边界方法中,每一个开边界点上必须有水位,若某一点在某时刻是干点——即该时刻该点上没有过水,则会引起开边界的不稳定。我们在实际运行过程中也曾尝试将陆地点纳入开边界,但是由于在全域中陆地边界点的法向流速在计算中被强迫为 0,如果将全域中具有陆地边界属性的点纳入子域开边界中,该点和临近点的水位梯度会使得该点上存在法向流速,这样与全域的计算情形是不一致的,且容易造成模式的不稳定乃至溢出。因此,我们在使用 CN 方法的时候不得不放弃将干湿点和在全域中具有陆地属性的点纳入开边界。

图 3-8 中我们可以看见在 Shinnecock Inlet 最小网格的子域模拟算例中,使用 CN 方法驱动子域产生了明显更大的平均水位误差和最大水位误差。我们仅展示了使用 60 s 的采样间隔的 CN 方法的计算结果,这是因为使用 600 s 和 1 800 s 的采样间隔时,CN 方法驱动的子域最终都溢出了。相比其他几个方法驱动子域获得的 CDF 曲线来说,CN 方法驱动获得的 CDF 曲线呈现出阶梯状,在误差最小的约 65% 的网格点上,CN 方法与其他几种方法差别不大,另外 35% 的点上 CN 方法的结果远远差于其他方法。如果我们从区域内误差的空间分布看(图 3-9),这些点主要存在于 Shinnecock 湾内,这部分区域恰恰是由原本在全域中具有陆地属性的边界点所包围的区域。由于这部分网格点无法纳入边界中,湾内网格缺乏边界条件的限制,因此,在该区域的计算结果与全域的结果相差较大。其 CDF 曲线的阶梯状上升,可从图 3-9c 中看出是由于湾内分成三个相对独立的海区,各海区的互相影响较小,因此误差大小也各不相同。湾中部的水深较浅和东侧的水道过于狭窄可能是湾内水动力系统分为三块的主要原因。这三个海区中误差最小的恰恰是与外部海域通过湾口连通的中部海区。在使用 CSM 和 RRA 时,湾内的误差相对湾外其实是更小的,而使用 CN 方法时刚好相反,这与两者的边界形式不无联系。CSM 和 RRA 由于使用了全包型边界,湾内比湾外相对来说受到边界强迫的限制更强,而 CN 方法下湾内流场没有准确的边界条件的限制,这也是我们不推荐研究者使用 CN 方法的主要原因。当然,如果在使用 CN 方法时将陆地边界设置到海水无法触及

的高处,上述问题将被在一定程度上减轻,取而代之需要注意的是单一的水位强迫能否为子域提供质量足够好的边界条件的问题。

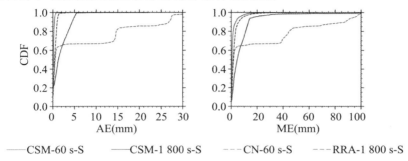

——CSM-60 s-S   ——CSM-1 800 s-S   - - -CN-60 s-S   - - -RRA-1 800 s-S

图 3-8   Shinnecock Inlet 中使用各方法得到的误差 CDF 曲线对比

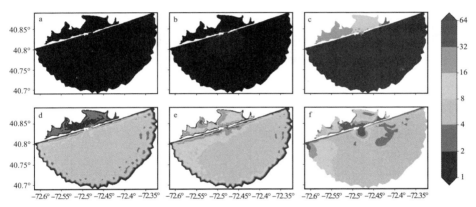

图 3-9   Shinnecock 算例中水位和流速的 AE(mm)空间分布

(子图 a 为 CSM-60 s-S 水位的 AE;d 为 CSM-60 s-S 流速的 AE;

b 为 RRA-1 800s-S 水位的 AE;e 为 RRA-1 800 s-S 流速的 AE;

c 为 CN-60 s-S 水位的 AE;f 为 CN-60 s-S 流速的 AE)

图 3-9 中 d、e 和 f 三幅子图展现了子域流速的平均误差。有趣的是,流速误差的空间分布与水位误差的空间分布并不一致。对 CSM 和 RRA 方法来说,水位误差主要分布在湾口,而流速误差则分布在整个边界附近。对于 CN 方法来说,水位误差主要分布在湾内,而流速误差主要分布在湾口附近和边界上。流速误差和水位误差分布的不同让我们意识到对水位和流速子域模拟而言,获得相对理想的结果的子域的范围大小可能是不一样的。同时,我们注意到,不管是采用 CSM 还是 RRA 方法,即使在最不理想的情况下,由于全包型边界条件的限制,结果也不会太糟糕。而采用 CN 则不然,由于部分区域缺乏

限制,水位和流速误差在边界上不断累积。

为了比较仅使用水位边界条件和使用所有边界条件的区别,我们选择Cape Fear 作为研究算例。在 Cape Fear 范围最小的子域网格中,其边界没有触及全域中的陆地属性边界点,且子域边界处于陆地上的点大部分高程较高,在 Fran 飓风风暴潮中未被海水触及,较少涉及干湿状态的问题,满足我们刚才提出的比较理想的情况。在这次实验中,为了排除掉全包型边界和开边界带来的差异,我们修改了 CSM 的代码,使其不读入流速和干湿状态,只读入水位,这样我们就获得了一个具有全包型边界的改进后的 CN 方法。为了与Shinnecock 算例作比较,我们同样采用了半径为 0.15°的最小的子域,比较结果如图 3-10 所示。从图中我们可以看出,使用了全包型边界的 CN 的结果相对更接近 CSM 的结果,但是其效果依然与 CSM 乃至使用更粗糙的时间分辨率的 RRA 所获得的结果有一定差距。这一方面显示了全包型边界相对于开边界的巨大优势,另一方面也说明流速和干湿状态边界强迫乃至插值方法的选择,是使用子域模拟还原全域计算结果不可或缺的几个因素。

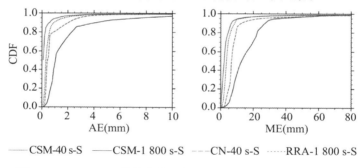

图 3-10 Cape Fear 算例中使用各方法得到的误差 CDF 曲线对比

3.2.2 采样间隔和干湿状态对模拟准确度的影响

采样间隔和数据大小以及计算质量都有密切的关系。比如说,若将 Cape Fear 最大的子域网格边界点上的数据都记录下来并做成边界驱动文件fort.019,需要占用 10.7 GB 大小的空间。这个文件记录着 326 个边界点上每 0.5 s 记录一次的长达 3.9 天的水位、两个流速分量以及干湿状态的数据。如此大的边界驱动文件不仅占用巨大的存储空间,也需要在进行子域模拟时耗费大量的计算资源读取数据,而最终获得的结果并没有比以稍大的采样间隔制作的边界驱动文件驱动子域计算得出的结果好很多,这并不符合我们减少计算资源的初衷。因此,我们在这一节中将讨论采样间隔对不同的模拟过程模拟准确度的影响。同时,我们也将在本节中讨论干湿状态对采样间隔的敏感性。在图 3-11a 中,我们无法看出 CSM 和 SSM 的区别,这是因为在 Idealized Inlet 算例中没有漫滩存在。因此,干湿状态的参与与否并不影响模拟结果。在该子图中,CSM 在采样间隔为 40 s 时的结果基本与全域计算得出的结果一致,这主要有两个原因:一是 Idealized Inlet 算例的计算时间步长本来就长达 10 s,采用 40 s 的采样间隔已经是每隔 4 个时间步长就采样一次,相对来说采样频率已经相当高;二是在该算例中驱动边界的只有 M_2 分潮,其周期为约 12 小时,这导致边界水位曲线较在短时间内变化较为平缓,40 s 的采样间隔也足以捕捉到边界水位曲线的形态。对其他算例来说,采用 40 s 的采样间隔所获得的结果虽然不错,但也没有在 Idealized Inlet 算例中那么理想。在所有的实验中,SSM 的曲线与 CSM 都高度接近,当采样间隔扩大时,SSM 相对 CSM 的差距逐渐缩小。随采样间隔继续扩大,SSM 的结果甚至会以微弱的优势优于 CSM 的结果(图 3-11b,c,d)。这说明边界上的干湿状态对于子域水位模拟准确度来说并不十分关键。CSM 方法之所以将干湿状态作为子域重模拟的边界变量之一,是因为在 ADCIRC 中,某一格点的干湿状态的计算不光与该点的水深流速有关,还与其周围所有与之共同构成三角元的点有关,在一些情况下,即使计算点的水位和流速大于参数中规定的最小漫水水深和流速,也可能由于其相邻点的状态而无法变成湿点。在只有一点的水位和流速时 ADCIRC 模式会因为缺乏足够的信息而产生"误判"。而我们在使用边界点强迫子域时,边界点附近的其他参与计算的点的状态对于 ADCIRC 是不可知的,这也是在采样间隔较小时,对子域边界点赋予高时间分辨率的正确的干湿状态,优于让模式自行计算出边界点的干湿状态的原因。随着采样间隔的扩大,由于对边界点赋予的干湿状态在相邻两个采样时刻之间状态必须保持不变,边界点干湿状态的切换相对流场的变化滞后了,从而导致计算的准确度下降。所以,在采样间隔较大,大于 640 s 时反而不如让模式自行在每个计算步上计算获取干湿状态。

从采样间隔上看,我们发现,无论在哪个模拟中,CSM-160 s 的计算结果都与 CSM-40 s 非常接近,而 CSM-640 s 则与它们差异明显。这说明对于子域模拟来说,2~3 min 的采样间隔基本就够用了,无限制地提高采样间隔并不会使得模拟结果准确度有明显的提高。这可能与我们所模拟的仅仅是潮汐和风暴潮这样的浅水长波过程有关,对于这样的过程来说,2~3 min 的时间分辨率基本就能捕捉到绝大部分物理过程。

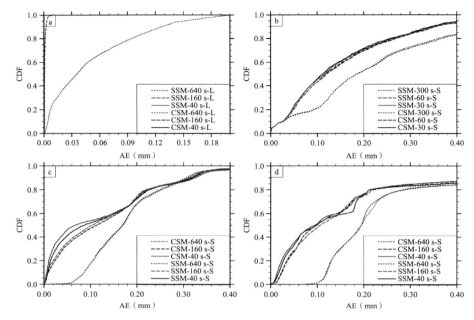

图 3-11　四个算例中使用不同采样间隔获取的结果
（a. Idealized Inlet 潮汐模拟算例；b. Shinnecock 潮汐模拟算例；
c. Cape Hatteras 风暴潮模拟算例；d. Cape Fear 风暴潮模拟算例）

3.2.3　子域范围大小对模拟准确度的影响

　　子域的范围大小也是制约子域模拟速度的因素之一。一个合适的子域网格应该尽量使得准确度和效率之间平衡。图 3-12 中我们比较了计算范围的大小对子域模拟算例计算结果的影响。图 3-12a 中的 CSM-40 s-S、CSM-40 s-M 和 CSM-40 s-L 太靠近 y 轴以至于我们很难把它们与 y 轴区分开来。对潮汐模拟算例来说，随着计算区域的扩大，重模拟的准确度显著降低了。但对于风暴潮模拟算例来说，情况恰好相反，随着计算区域的扩大，重模拟的准确度没有降低，在大多数情况下反而相对提高了。这是因为对于潮汐模拟来说，重模拟的准确程度高度依赖于子域边界的限制，扩大了计算区域意味着边界对子域内部区域施加的影响减弱了，也就降低了模拟准确度。而对于风暴潮模拟则不然。在风暴潮重模拟中，对内部区域有影响的不仅是边界点的强迫，还有来自子域海表面风应力的强迫。由于我们对全域和子域使用的风场是完全一致的，子域范围越大意味着在风强迫上子域与全域越接近，这是子域越大风暴潮模拟越准确的原因之一。但是我们也不需要无限制地扩展子域的模拟范围，在第 2 章中我们也曾提到，台风过程越强，局地过程越重要，也就是说在强台风过程中,我们可以使用相对小的子域范围就得到不错的重模拟结果。同时,使用采样较高的采样频率时,重模拟准确度也可以提高,也就是说在我们有较高时间分辨率的采样数据时,也可以适当缩小子域的计算范围。

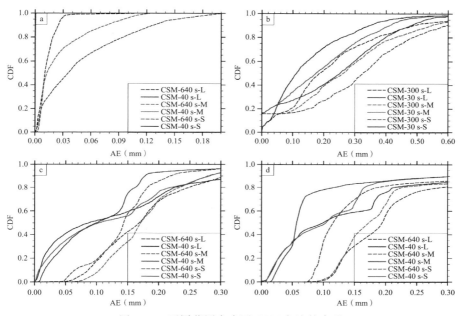

图 3-12　不同范围大小下 CSM 方法的表现

(a. Idealized Inlet 潮汐模拟算例;b. Shinnecock 潮汐模拟算例;

c. Cape Hatteras 风暴潮模拟算例;d. Cape Fear 风暴潮模拟算例)

3.3　RRA 的优势和存在的问题及解决办法

　　RRA 在继承了 CSM 的特性之外,也有其独特的需要考虑的问题。比如应该采用什么样的数据插值方法? 再比如对于 RRA 来说,水位的时间分辨率和流速的时间分辨率哪个更重要? 最后,到底是插值方法还是最大水位的利用提高了重模拟的准确度? 就这 3 个问题,我们将在后面展开讨论。

3.3.1　插值方法的选择

　　图 3-13 中我们比较了 CSM,RRA,RRA_M1 和 RRA_M2 几种方法在各个研究区域的重模拟结果。在部分算例模拟中,利用最大水位输出文件是能够起到有效提高重模拟准确度的,但是在其他大部分情况下,其作用不明显。即使没有在取样点序列中插入最大水位,使用 RRA_M1 得到的结果也明显优于使用 RRA_M2 和 CSM-1 800s 的结果,这意味着最能提高重模拟准确度的是

正确的插值方法而非最大水位值的使用与否。

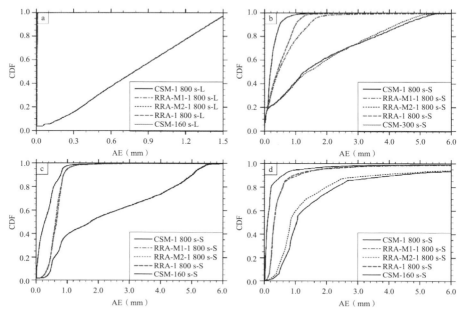

图 3-13　使用不同插值方法获得的结果比较

（a. Idealized Inlet 潮汐模拟算例；b. Shinnecock 潮汐模拟算例；

c. Cape Hatteras 风暴潮模拟算例；d. Cape Fear 风暴潮模拟算例）

　　RRA 技术虽然能够显著优于使用线性插值的同样采样频率的 RRA_M2 和 CSM 方法，但是其效果的发挥也与网格本身的性质有很大关系。比如说，在子图 a 中，我们几乎无法用肉眼区分 RRA-1 800 s-L、RRA_M1-1 800 s-L 和 CSM-160 s-L，这 3 条曲线几乎都与 y 轴重合，这是因为 Idealized Inlet 算例中使用的强迫仅仅只有 M_2 分潮，这种形式比较规则而光滑且频率较低的曲线对于三次样条插值来说比较容易拟合。而在其他情况下，采用 1 800 s 的采样频率并使用 RRA 技术拟合出的曲线则无法达到与 160 s 采样频率的 CSM 方法一样好的效果。这是由于它们的水位和流速曲线没有像 Idealized Inlet 算例中那样平滑规则，尤其是在近岸区域，还有诸如边缘波一类更小时空尺度的物理现象和干湿方法产生的波动影响水位流速曲线的拟合。以 Cape Hatteras 算例为例，图 3-14 展示了在飓风生成以后，低气压产生的海面异常以重力长波的形式传播到近岸。由于近岸水深较浅，重力长波的波速明显减缓，并在地形的作用下发展成一系列更小时空尺度的边缘波沿海岸传播。

　　这种现象从计算开始就出现，一直到飓风登陆为止。因此一些较靠近海岸的边界点的水位曲线呈现出锯齿状。这些锯齿的周期大约为 10 min(图 3-15 Ⅲ)。边缘波已经被许多研究者研究过。有研究者指出边缘波的宽度与大陆架的宽度正相关,且振幅在一个波长及以外接近于 0。同时,边缘波的生成还有赖于地形坡度。因此,当在稍远的外海,水深增加且坡度减缓时,这种波动的影响将变得很小。比如,在图 3-15 Ⅰ 中,我们可以发现,在水深较深处 RRA 拟合得到的水位值相对于全域模拟得出的值,均方误差明显较小。因此,我们在选择子域的边界时,应该尽量选择将子域的边界放在水深较深且坡度较小的地方。时空尺度更小的包括由于干湿状态的切换引起的数值波动更无法被 RRA 捕捉到(图 3-15 Ⅲ)。同时,由于干湿状态的迅速切换造成的误差也无法被 RRA 拟合出来(图 3-15 Ⅱ a)。综上,RRA 无法还原时间分辨率高于所使用的数据的时间分辨率一个量级以上的现象,但其实际效果也远好于 CN 方法。

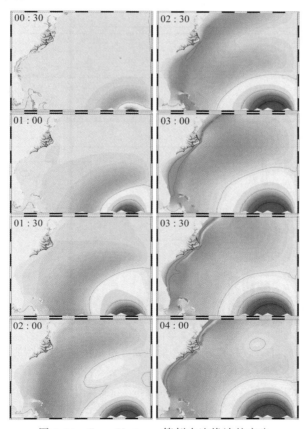

图 3-14　Cape Hatteras 算例中边缘波的产生

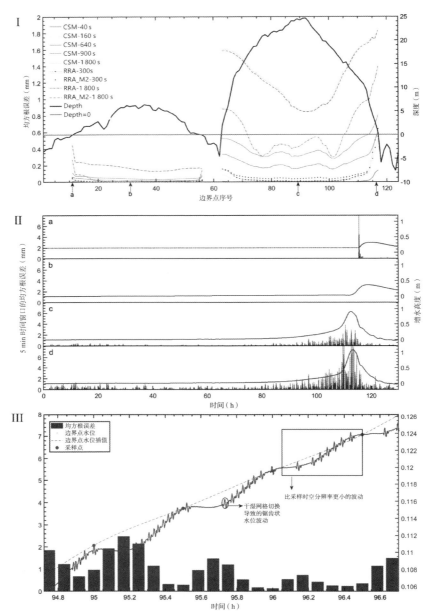

图 3-15　Hatteras 算例中最小的子域边界上由于插值产生的误差

[（Ⅰ）整场风暴潮过程中每个边界点的均方误差；

（Ⅱ）在边界点 a，b，c 和 d 上的水位和 5 min 时间窗口的均方误差；

（Ⅲ）边界点 d 在一段时间内的水位值和用 1 800 s 的采样时长

通过 RRA 拟合点曲线的一部分及其 5 min 窗口上的均方误差]

3.3.2　流速和水位数据重要性的比较

有时,我们获得的数据中水位和流速可能有不同的时间分辨率,在使用 RRA 时它们的重要性是不一致的。本节中我们将使用不同时间分辨率的水位和流速数据来证明这一点。我们采用 6 种不同的水位和流速采样频率组合来计算 Cape Fear 算例中最小的子域。由于使用的水位流速具有不同的采样间隔,我们在这一节中的结果命名方式与之前有所不同,本节中的命名方式为:方法－水位的采样间隔_流速的采样间隔－子域大小,比如说,RRA-300 s_900 s-S 代表我们使用最小的子域网格利用 300 s 采样间隔的水位和 900 s 采样间隔的流速,使用 RRA 技术计算出的结果。结果如图 3-16 所示。很明显,在我们的水位和流速比较结果中 RRA-300 s_900 s-S 要明显好于 RRA-900 s_300 s-S,同时 RRA-300 s_1 800 s-S 也要明显好于 RRA-1 800 s_300 s-S。这显示无论对于水位重模拟还是流速重模拟来说,边界水位数据的采样频率都比流速数据的采样频率更重要。当然,使用更高采样频率的流速对于结果也有帮助,如 RRA-300 s_300 s-S 就好于 RRA-300 s_900 s-S,更好于 RRA-300 s_1 800 s-S。但显然,对于重模拟来说,更高时间分辨率的水位记录数据是最重要的。

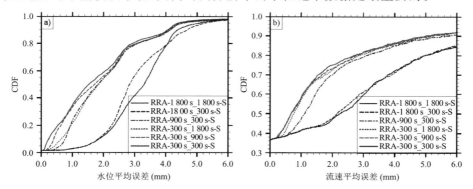

图 3-16　在 RRA 中使用不同采样间隔的水位和流速
计算出的子域上的水位和流速平均误差结果

3.4　小结

在本章中,我们证明了选择三次样条函数作为将边界条件,从较粗的时间分辨率插值到较细的时间分辨率上比线性插值更合适。并且无论选择哪种插值函数的子域模拟方法都比 CN 方法计算准确度更高,其原因主要是 CN 方法无法处理关闭法向通量的固壁边界。利用 RRA 技术将 30 min 时间分辨率的水位和流速时间序列处理后强迫子域边界计算出的结果,与使用 CSM 方法采用 10 min 时间分辨率的水位流速时间序列强迫子域边界计算出的结果准确程度接近,且对于 RRA 来说,水位时间序列的时间分辨率比流速时间序列的时间分辨率更为重要。相对来说,边界点的干湿状态和最大水位记录的有无并不是制约重模拟计算准确度的重要因素之一。最大水位值的使用可以提高 RRA 模拟准确度,但这并不是必要的,在大部分情况下其效果不明显。对于比较理想的区域的潮汐模拟,子域范围的扩大对模拟准确度起到反作用,对风暴潮模拟来说则相反,但是研究者不需要无限扩大模拟区域,就我们的模拟而言,0.6°半径的模拟区域基本够用了。边界点各状态的采样间隔很重要,但就风暴潮模拟而言,2 min 的时间分辨率已经可以为重模拟提供足够高分辨率的边界强迫了。在取样频率较高的情况下,子域范围可以相对缩小。

4 遗传算法在海堤设计中的运用

由第二章的研究可知,在浅水海域,风暴潮的局地分布形态与当地的地形和台风路径与强度密切相关,且在一些区域的增水还存在着较大的水位梯度。以目前我国验潮站的空间密度,将某一验潮站的回归极值水位作为一个几十千米尺度的海岸城市的海堤建设标准是不准确的。且由于在不同的风暴潮过程中,海堤对水位变化会起到大小不同甚至相反的作用,海堤修建前的回归极值水位与建成后的回归极值水位也是不同的,因此需要在设计之初就考虑这些因素,优选出合理的海堤建设选址方案。

另外,风暴潮的增水值并不是决定灾害程度的唯一因素。受灾程度还与当地的脆弱性有关,所以在优化海堤建设方案时,应该以风暴潮的灾害损失作为目标函数。不过,风暴潮经济损失的评估研究,多是通过统计的方法将损失值与最高风暴潮位或风暴潮等级建立相关,拟合得出一条随风暴潮位或等级大小变化的损失曲线(许启望和谭树东,1998;房浩,李善峰和叶晓滨,2007)。当然,随着技术的发展和观测资料的增多,更多的致灾因素和灾害评估指标被考虑进来。如赵昕(2011)利用投入产出方法计算了 2003—2007 年间山东省风暴潮灾害的直接损失和间接损失;殷克东和孙文娟(2011)考虑了风暴潮灾害带来的淹没面积,停产损失、救灾拨款等多项指标,建立了一个风暴潮灾害经济损失评估指标体系;也有研究者在单一的问题上考虑得更为精细,比如 Burrus、Dumas 和 Graham(2001)在计算损失时把建筑结构损失和建筑物内财产损失分开考虑,甚至连建筑物门槛高度都考虑进去了。因本书主要研究目的是建立合理的优化算法来优选海堤建设方案,在风暴潮灾害评估方面进行了简化处理,仅仅考虑由于风暴潮淹没和冲刷带来的直接经济损失。

因此,在本章中,将风暴潮模式和风暴潮损失评估结合起来,考虑到堤坝与风暴潮增水的相互作用,使用遗传算法完成海堤优选的计算。

4.1 遗传算法的介绍

遗传算法是一种在计算数学领域用于解决最优化问题的算法。这种算法适用于目标导向明确但是解空间比较复杂的问题。海堤设计问题就是这样一类问题。在海堤设计问题的目标非常明确,就是以最高的"性(能)价(格)比"完成海堤的建设。所谓"性价比"中的"性能"是建设了海堤以后减少的直接经济损失;而"价格"则是我们建设海堤所付出的成本。当然,本章出于简化问题的考虑,仅仅考虑了物料成本,现实世界中海堤的建设必然牵扯物料成本、土地成本、生态保护成本、对景观的影响等,对这些情况的考虑又是一个很大的题目,因此我们暂不考虑。

遗传算法仿造生物进化的过程优化问题的解,可分为三个环节,即基因重组、基因突变和自然选择。这三个环节组成一个环状,随时间的延长反复循环,正如同生物种群在自然中不断地繁衍和进化,并逐渐适应生态环境。在遗传算法中,优化问题的解被称为"个体"。每个个体可以有多种"性状",而性状的表现由若干个"基因"来决定。在我们的优化流程中,一个个体就是一种海堤的设计方案,性状就是在使用了相应的方案后受到各段海堤影响的风暴潮漫滩的情况,而基因则是设计每一段海堤的二进制编码,使用二进制而非十进制是因为二进制编码相对来说更不容易收敛到局部最优解上。每一代的个体的集合被称为"种群",自然选择算子将对种群内所有的个体进行评估和筛选,评估个体的得分称为"适应度",适应度高的个体将获得更高的概率使得自身的基因遗传下去。但这并不意味着适应度高的个体一定能通过筛选,因为单纯选择适应度高的个体可能导致算法快速收敛到局部最优解。对于我们的优化过程来说,上述的自然选择过程其实就是根据目标函数估计设计方案的优劣,并对设计方案进行优选的过程。

通过筛选的个体成为下一代的"父本"和"母本",父本和母本中的每个个体相互交配繁殖出新一代的种群,新的个体称为"子代"。产生子代的过程涉及基因重组和突变,基因重组是通过一定的规则从父本和母本中各挑选出一些基因从而产生子代的基因,突变是指子代的基因服从某种规则在一定概率下产生随机的改变。子代生成以后随即投入运算并重复经历上述的从自然选择到基因突变的过程,直到完成进化。

除了上述基本的自然进化流程之外,我们引入了精英选择和模拟退火策略以提高进化效率。精英选择策略最早由 Baluja 和 Caruana(1995)提出。这种策略的提出主要是因为对于遗传算法来说,每一个子代都是根据母本和父本基因重组和变异随机生成的,一些需要多个基因共同表达的性状有可能在遗传和变异中丢失。再一次获得该性状可能需要许多代以后。因此,为了提高了遗传算法的收敛性,减少重复搜索优良基因的时间,若在子代种群中任何一个个体都不如上一代的最优解,则上一代的最优解将替代子代中适应度最低的个体参与基因重组的环节。模拟退火由 Kirkpatrick、Gelatt 和 Vecchi(1983)提出,是受冶金业中的退火过程的启发而开发的概率算法。在遗传算法中,子代的基因会随着迭代次数的增加而逐渐趋同,提高变异概率可以搜索更大范围内可能更好的基因组合,避免结果收敛到局部最优解上;但是在提高了变异概率后,计算过程的收敛性下降,计算的最优解难以稳定下来,我们又需要将其变异概率逐渐降低到正常水平以使解收敛。

　　针对我们所面对的特定问题,本书提出了片段化策略并设计了热启动功能。片段化策略是我们根据海堤设计的具体问题提出的用于加快计算收敛速度的方法。由于要模拟精细的海堤地形,我们在中心区域使用了高于 50 m 水平分辨率的网格,也因此使得可选择的建设海堤的格点非常多,以本书的研究区域为例,即使经过我们的细致挑选,也还会剩下 293 个网格点,即每个个体有 293 条基因,每个基因可以表达 16 个可能的高度值,因此最多可有多达 293^{16} 种情况。即使使用遗传算法,其工作量也非常大,收敛过程也将极为漫长。因此,我们将若干个连续点定义为一个片段,强制使每个片段上各点的高度保持一致,这样基因的数目就会大幅减少。在本书的算例中,是每 6 个连续点作为一个片段,基因条数减为 49 条,极大地加快了收敛速度。

　　为了加快计算,我们还为计算过程设计了热启动的功能,热启动是相对于冷启动而言的。冷启动指一切从头算,第一代种群是完全随机生成。设计热启动是因为遗传算法需要进行许多代计算,在这个过程中我们可能会修改计算中的某些参数。如果重新开始计算的话需要耗费太多时间,而热启动则是利用已有的父/母本文件继续下一步计算的方法。使用该方法时控制文件会被重新读入,这使得使用者可以在中途中断整个计算过程,修改参数以后在现有的基础上继续计算。

　　本实验中主要利用 Python 语言和 Linux shell 脚本来实现对流程的控制,在编程过程中我们利用了 Numpy(Numerical Python)扩展函数库和 Python 的其他标准函数库。同时,因为我们使用子域模拟方法来作为计算风暴潮的工具,所以也利用了 CSM 方法实现代码里的 CSM 函数库。

4.2　实现流程

　　本实验过程的输入文件包括记录各项参数的控制文件 ga. ctl,记录各点淹没损失的权重系数的网格点权重文件 weight. in,记录可以建设海堤的点的序号的 selectedNodes. in 文件。输出文件有记录每一代种群中适应度最高个体的基因的精英基因记录文件 Elite. log,记录每一代种群所有个体基因、支出和收益、变异概率的文件 parents<n>.log，每一代的适应度最高个体的网格点文件 fort<n>.14 及其最大水位文件 maxele<n>.63。其中，<n>为该种群的代数。各文件格式见附录。设计流程如图 4-1 所示。

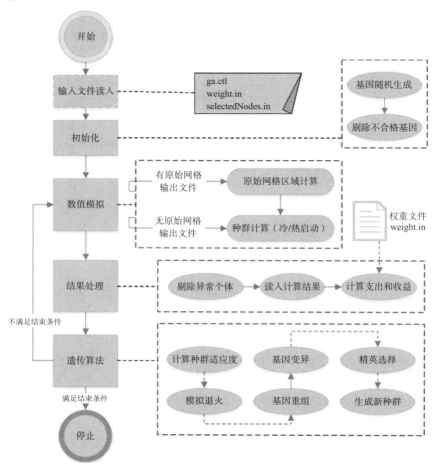

图 4-1　以遗传算法设计海堤的计算流程图

4.2.1　风暴潮灾害损失函数

本章中选择以 ASCE(2005)中推荐的估计函数来计算等效淹没深度。该公式为：

$$H_e = H_{\max} + a \frac{V_{\max}^2}{2g} \tag{4-1}$$

其中，H_e 为有效淹没水深，$H_{\max}$ 为模式计算的最大淹没水深，$V_{\max}$ 为最大流速，a 为拖曳系数(本章取推荐值 1.5)，g 是重力加速度。考虑到实际风暴潮过程中淹没的土地规划不同,造成的单位损失也不同,我们给每个计算网格点赋予一个权重系数 w。由于我们使用的非结构网格模式中格点间距并不均匀,以网格点来计算损失对淹没面积大小的计算不准确,因此,我们的损失函数以三角元为损失计算单元。损失函数如下:

$$\begin{cases} L = \sum_{i=1}^{n} L_i \\ L_i = w_i S_i l \sum_{j=1}^{3} H_{ei,j} \\ w_i = \dfrac{\sum_{j=1}^{3} w_{i,j}}{3} \end{cases} \tag{4-2}$$

其中,L 是一场风暴潮过程的总损失,L_i 是第 i 个三角元的损失,l 是单位面积上的损失估计值,$H_{ei,j}$ 和 $w_{i,j}$ 分别是在第 i 个三角元上第 j 个三角形的顶点上的有效淹没水深和损失权重。

如此一来,我们就可以通过风暴潮模式的计算结果来估计一场风暴潮过程中的直接损失了。通过比较修建堤坝后的漫滩损失和未修建堤坝造成的损失,我们就可以知道修建堤坝为研究地区带来了多少收益。考虑到仅仅使用最大淹没水位计算淹没结果会将很多水点的水位计算进来,而这些水域本身不会由于海水升高带来损失,因此,我们为计算点的水深设计了一个阈值,任何本来的水深高于该阈值的点将不参与损失的计算,这个阈值由研究者自行定义。比如,设置阈值为 0.5,则计算过程中默认任何水深大于 0.5 m 的点不会受风暴潮灾害的损失。同时,研究者也可以自行定义哪些点不参与损失结果的计算。

4.2.2 海堤建设支出以及海堤的自动生成

我们采用在研究区域外围修建堤坝的方式使该地区免受风暴潮漫滩的损害。方法是先定义一系列的网格点或由点连接成的片段作为可能修建堤坝的区域,然后研究者自行设置堤坝的基本高程、高程单步增加值以及可增高的层数。如设置基本高程为 1,单步增加值为 0.5,层数为 16,意味着设计的是当地平均海平面以上 1 m,以 0.5 m 为步长,最高 9 m 的海堤。而该段堤坝的高程是由随机生成的基因决定的,本章中采用的基因是一串二进制码,比如 00010 代表 2,00011 代表 3。高程的计算公式为

$$h = h_b + h_s n \tag{4-3}$$

其中,h 为海堤高程,h_b 为基本高程,h_s 为高程单步增加值,n 为二进制转换成十进制以后的值。如果该点或片段的基因为 00010,那么其高程为 3 m。在海堤高程设计中,考虑到实际工程中在海岸较高的区域并不需要建设海堤,因此,如果该处地形本身的高程高于由基因计算出的海堤高程,则默认该处未建设海堤。除此以外,我们以建设海堤所需的土方量 V_l 与单位支出 P_u 之积作为总

支出 C：

$$C = V_l P_u \tag{4-4}$$

为了控制成本，研究者需要在控制文件中定义使用的土方的最大体积。由随机算法计算出的建设海堤后的网格会被用于与原始网格比较，得到改变地形所需的土方量，土方量超出设定的最大体积的子代会被抛弃。在这一切计算完成后，脚本会自动生成一套对应该子代的网格文件，当生成的网格文件数目达到种群规模后，模式开始运行。

4.2.3 基因重组、变异和自然选择

未作改变的原始网格会首先被投入计算，原始网格计算过程结束后子代网格开始运算。待所有模式运算结束后，其结果会被带入公式（4-1）和（4-2）中计算该场风暴潮中的经济损失，每一个子代个体的收益为原始网格计算的经济损失 L_{ori} 与该个体的经济损失 L_{ind} 之差：

$$B = L_{ori} - L_{ind} \tag{4-5}$$

利润 P 为该个体的收益与支出之差：

$$P = B - C \tag{4-6}$$

适应度 F 是自然选择中选择个体的指标，适应度越高的个体越容易被选择。为了提高表现较好的个体并淘汰最差的个体，我们采用了动态指数标定：

$$F_i = (P_i - \min(P))^2 \tag{4-7}$$

随后，我们将以适应度为参考值，使用 Numpy 函数库内的 Random. Choice 函数以可放回重复取样的方式取出与种群大小一致的基因组作为父（母）本。然后取出任意两个父（母）本，采用均匀交叉策略对基因进行重组（Michalewicz，1992），具体过程为用 Numpy 生成与基因长度相同的 0/1 随机数组，在随机数为 1 处以该点上的母本的基因替换父本的基因，得出的新的基因组即为子代。在基因重组以后，我们采用均匀变异策略使基因突变（Michalewicz，1992），以增加搜索范围。具体方法是使用 Numpy 生成一个（0，1）区间的与基因长度一致的随机数组，当某随机数小于突变概率时，该对应点的基因由 0 变为 1 或由 1 变为 0。

4.2.4 精英选择和模拟退火策略

我们的脚本控制文件允许研究者设置使用精英选择策略和模拟退火策略。精英选择策略具体过程：首先以上一代适应度最高的解的基因、收益和支出替换子代的适应度最低的解的基因、收益和支出，然后对该修改过的种群进行适应度评价，并根据适应度高低有概率地挑选个体成为下一代的父（母）本。

模拟退火策略所使用的公式如下：

$$
\begin{cases}
m_i = m_0, & i = 0 \\
m_i = 2m_0, & \max(f) \geqslant c \times f(k) \\
m_i = (m_{i-1} - m_0)e^{-\lambda} + m_0, & \max(f) < c \times f(k) \\
m_i = m_{\max}, & m_i > m_{\max}
\end{cases}
\tag{4-8}
$$

其中，m_{i-1} 是上一代的变异概率，m_i 是即将生成的子代的变异概率，m_0 是研究者自行设置的初始变异概率，$m_{\max}$ 是设置的最大变异概率，e 是自然对数的底数，λ 是自定义的退火常数，λ 越大，变异概率退回初始变异概率的速度越快，f 是种群中个体的适应度得分，c 和 k 是自定义的常数，当种群中评估得分的最高分小于第 k 位得分的 c 倍时，模式将启动模拟退火并开始提高变异概率。

4.2.5 片段化策略和热启动

片段化策略的实现需要在 selectedNodes.in 中设置若干个"片段"，每个片段占据该文件的一行，每一行包含任意数目的点。这些点在计算中被当作一"段"海堤，每一段海堤具有共同的高程。这种方法虽然能减少计算量，但是在使用时需要注意每一段设置的连续点不可太多，否则解空间的复杂度会严重减小，最终获得的解也可能不甚理想，这样就失去了使用遗传算法的意义。

热启动是通过读入 Parents.log 并以其中的个体作为父（母）本参与计算实现的。由于 Parents.log 里包含一代种群所有个体的基因、适应度及该代的突变概率，我们就在读入这些信息以后跳过子域计算过程和文件处理过程，以这些信息为基础直接繁衍子代，其后的流程就与冷启动流程无异了。

4.3 计算区域和设置介绍

本章的关注区域是之前介绍的 Cape Hatteras 地区，但出于对计算速度的考虑，我们并没有采用 NC FEMA Mesh Version 9.98 版本的网格，而是采用了 EC 95d 网格，并根据 NC FEMA Mesh Version 9.98 版本的网格划分对该网格的 Cape Hatteras 区域进行了网格加密。加密后的网格和使用的子域网格及海堤可能建设位置如图 4-2、图 4-3 及图 4-4 所示。本章中采用的 ADCIRC 控制文件与 3.1.5 节中一致。在遗传算法的控制文件中，我们设置基因重组率为 0.8，初始基因突变率 m_0 为 0.02，计算代数为 100 代。

由于风暴潮漫滩造成的经济损失以及海堤的建设成本应该经过市场调研及经济损失评估获得，不过在本研究中，这方面考虑得非常简单，因此遗传算法的优化结果与经济损失以及建设成本的绝对单价是无关的，而与它们之间的相对比例有关。本研究目前处于方法建立阶段，没有进行实地调研，因此为方便，收益、支出、利润的单位就都设为 1。每平方米经济损失预估为 3 000/m² 乘以有效深度，海堤建设单位成本为 4 000/m³ 和 1 000/m³ 两种，须指出，这些数据仅仅是数值实验研究用，研究者在使用该方法时需要根据自己的需要自行决定。在使用模拟退火的实验中参数 λ、c 和 k 分别为 0.2、3 和 6，m_0 和 m_{max} 分别为 0.02 和 0.04。

Isabel 飓风发生于 2003 年，它是美国历史上造成死亡人数最多、经济损失最巨大的飓风之一。在该飓风过程中，Cape Hatteras 虽然并不位于台风中心附近，但其气象观测站也监测到高达 35 m/s 的持续风速和 43 m/s 的最大风速，随后，该气象站被飓风损坏(Sheng，Alymov 和 Paramygin，2010)。不光如此，由飓风引起的风暴潮和海浪还使得 Cape Hatteras 岛上一条防潮堤决堤(Pendleton，Theiler 和 Williams，2005)。出于对模式稳定性和准确性的考虑，我们仍然选择使用 ADCIRC 研发组提供的网格和风场。虽然只有一个算例，但是计算流程并无区别，与多场过程优化的结果不同的是我们现在对该地区优化的结果只适用于 Isabel 飓风一个事件，在随后获得更多场飓风的数据后，我们可以对该地区作更全面的研究，并优化出一条对 Hatteras 地区来说更普遍适用的海堤设计方案。

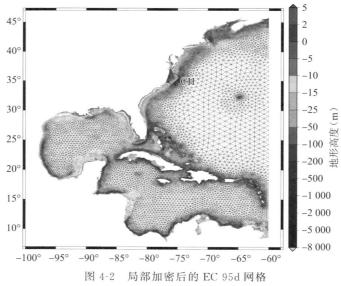

图 4-2　局部加密后的 EC 95d 网格
(CH 为本章中使用的 Cape Hatteras 子域范围)

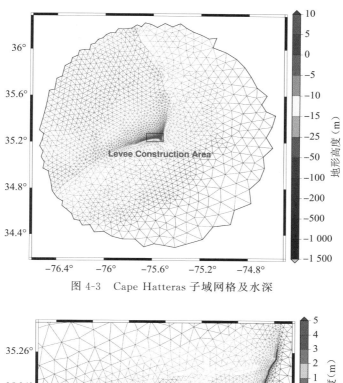

图 4-3　Cape Hatteras 子域网格及水深

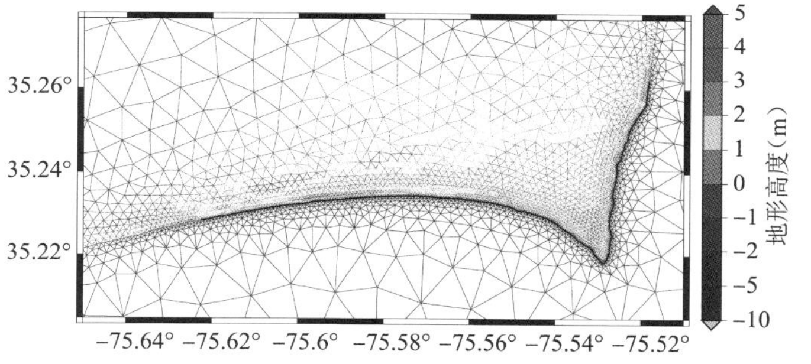

图 4-4　海堤的可能建设位置(黑色点)

4.4　计算结果与分析

　　在比较各个策略与方法对实验结果带来的影响之前,我们首先介绍一下在 Isabel 风暴潮过程中我们关心区域的风暴潮漫滩情况和网格设置。我们主要将计算网格划分为 3 个区域,其中图 4-5 中环岛黑线以外的区域 C 是我们不关心的区域,该区域的损失权重为 0,不纳入风暴潮损失计算。区域 B 是两条黑线间的区域,该区域是重点关心区域,权重设为 1。区域 A 是我们用于测试权重系数影响大小的实验区域,在下面的实验中会对比改变该区域的权重系数对计算结果的影响。

　　图 4-6 展示了在该风暴潮过程中没有修建海堤时最大水位的分布情况,在

该风暴潮过程中,漫滩区域可大致被分为 4 个部分,第一个部分位于岛的西北角,该处离海堤建设点太远,无法受到海堤保护,因此,在本章的实验中,我们将不讨论这块区域。第二块区域位于岛东侧沿岸及一块向内陆延伸的低地,此处有大片被淹没的区域,能否最终将这块区域保护起来是衡量我们的方法成功与否的标准之一。第三块区域即 A 区域及其附近,该区域位于岛的东南端,与第二块区域一样也有大片被淹没的地区。第四块区域是岛的南岸淹没区域,该区域向陆一侧地势较高,向海一侧大部分是潮间带。

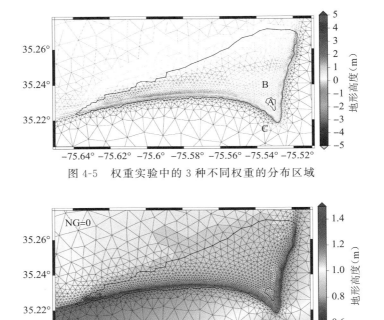

图 4-5　权重实验中的 3 种不同权重的分布区域

图 4-6　在未建设海堤时风暴潮的水位分布

4.4.1　精英选择策略

首先我们比较使用精英选择策略和不使用精英选择策略的差别。本实验中,除了使用精英选择策略与否(Elitism Activated/Deactivated)外,两个算例的设置没有任何区别。其设置为:单位成本 $P_u = 1\,000$,冷启动(Cold Start),使用片段化策略(Sectioned),使用全局一致的权重(Uniform Weight) $w = 1$(这里的全局仅指 B 区域和 C 区域,后同),不使用模拟退火策略(Simulation Annealing Deactivated),每一代的种群包含 20 个个体,优化次数为 100 代。

图 4-7 中,浅色线条代表使用精英选择策略的结果,深色线条代表不使用精英选择策略的结果。在第一代,两者就出现了差别,此时使用精英选择策略比不使用的利润大约高 4×10^8。但这与使不使用精英选择策略无关,因为两个实验都是冷启动,在生成第一代种群时是完全随机的。随后,到第 35 代以前,使用精英选择策略得到的利润一直在升高,不使用该策略的算法则在大趋势升高的情况上下波动,且使用精英选择策略的实验结果一直优于不使用该策略的结果。到第 35 代时,不使用精英选择的实验的利润突然有大幅上升并且超过了使用精英选择的实验的利润,但在之后其利润又陷入了持续不断的波动中。使用精英选择策略的实验在第 57 代之前一直保持上升走势,在 57 代时也和不使用精英选择策略的实验一样利润有了大幅增长,其后一直到第 100 代没有变化。同时,我们也注意到,两条曲线都有一次跳跃式的提升,这是因为在相应的代数上,模式的最优解"找到"了岛东南的低地并用海堤将其包围起来(图4-8),在此之前,算法已经在第 1 代时就把东侧的低地保护起来了,且在 1 到 56 代间使得区域 A 附近的风暴潮漫滩高度逐渐减小。

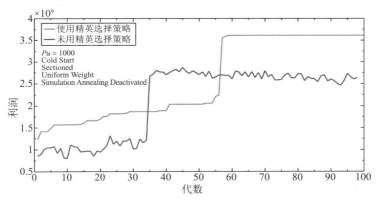

图 4-7 是否使用精英选择策略的情况下算法的表现

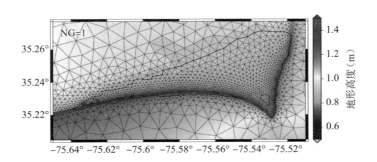

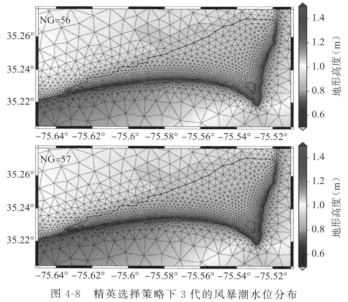

图 4-8　精英选择策略下 3 代的风暴潮水位分布

[NG 指代数（Number of the Generation）]

本实验中我们可以发现，在不使用精英选择策略时，每一代的最优解的利润再优化到一定水平以后停滞不前，在一定范围内来回波动。究其原因，其实是由于基因重组重复地打破基因的排列方式。对于一些性状来说，其表达需要几个基因共同作用，而较高的基因重组率使得这样的性状难以被保存下来，重新找回这种性状有时需要大量的重复计算，这对计算速度有限的我们来说不使用精英策略是难以忍受的。使用精英选择策略时，由于每一次繁衍时都有一个父（母）本是上一代的最优解，使得优秀的基因片段被保留了下来不至于丢失，这样极大地提高了方法的收敛性。

4.4.2　片段化策略

图 4-9 比较了使用片段化策略和不使用片段化（为简略后面简称散点化）策略对计算带来的影响。其中，浅色线条为使用片段化策略的实验，深色线条代表使用散点化策略得出的利润。这两个实验除了一个使用片段化，一个使用散点化策略以外，其他的参数为：$P_u = 4\ 000$，冷启动，采用精英选择策略，使用全局一致的权重 $w=1$，不使用模拟退火策略，每一代的种群包含 20 个个体，优化次数为 100 代。

从图中我们可以看出，使用片段化策略的实验在第 11 代开始就已经有净利润了，而使用散点化策略的在第 49 代才第一次支出小于收益。在使用片段化策略的实验中,利润在超过 0 以后迅速提高,其后虽然增速逐渐放缓,但是在同一个阶段停留的时间也不算长。使用散点化策略的实验中,在经过两次利润提升后,其最优解的利润一直没有变化,长期保持在较低水平。

我们提出片段化策略的初衷其实也与上文中说的需要联合表达的性状有关。但是有所区别的是上文的精英选择策略侧重保存由模式自己优化得出的性状,而片段化策略则是由使用者自行先规定一些优秀的性状出来,省略由模式自己发现这种性状的过程,加快了算法的收敛速度。但是这种做法也有其不足,即由于每一个片段上的点都被强制要求保持同一高程,计算的自由度变小了,在计算时间足够长的情况下,其结果不会优于使用散点化策略的结果。

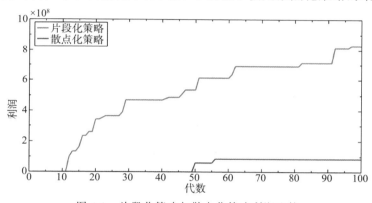

图 4-9 片段化策略与散点化策略利润比较

4.4.3 调整损失权重系数的影响

本实验中我们将图 4-5 中 A 区域的损失权重系数 w 降低至 0.3 以测试非均一化的权重系数会对计算结果有什么影响。图 4-10 展示了修改了权重系数对计算收敛过程的改变。其中,浅色实线为使用均一化权重系数的收益,浅色虚线为其支出。深色实线为修改了权重系数后的实验的收益,深色虚线为其支出。其他的设置为:$P_u = 4\,000$,冷启动,采用片段化策略和精英选择策略,不采用模拟退火策略。

本实验中之所以不直接展示利润,而是采用将收益和支出都展示出来,是为了让读者看到这两者"博弈"的过程。图中,一开始两个实验都具有较高的收益和支出,两者大小基本一样,因此净利润比较低。在 12 至 21 代之间,采用均一化权重系数的实验的支出和收益都保持下降的趋势,其后相对平稳,然后在 40 代以后稍有提升并基本达到稳定水平,直到 90 代时突然下降。相比来说,在部分区域降低了损失权重的实验中支出和收益的下降趋势的阶段,明显比采用均一化权重系数的实验高,除了 50~82 代之间的平稳期,其支出和收益基本一直在下降区间中。相比使用均一化权重的实验,虽然该实验能够保护的区域价值降低了很多,但是其需要建设的海堤成本减少更多,使得最终其利润反而大于可保护区域价值更大的均一化权重实验。

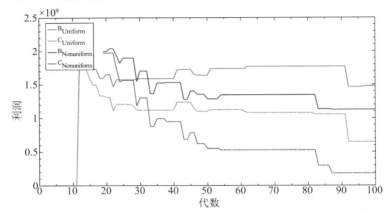

图 4-10　采用均一与非均一的损失权重系数下的算法收敛速度比较

($B_{Uniform}$,$C_{Uniform}$,$B_{Nonuniform}$,$C_{Nonuniform}$ 分别是均一和非均一权重下的获益和成本)

在减小了部分区域的权重以后,在遗传和优选的过程中算法更加的"节省"了,以极低的成本获得了较大的收益。我们可以发现遗传算法可以识别最具性价比的区域——岛右侧的向内延伸的低地,该区域需要的建筑成本不高,且若有淹没损失较大,因此,即使在最节省成本的情况下也仍然被保护起来(图 4-11)。在实际情况中,海边城市各处的价值是不一样的,通过赋予不同的区域不同的权重系数,我们可以在保护重要区域的同时减少建设开销。有些情况下,保留一部分可以漫滩的低价值区域甚至可以降低其他区域的增水强度——这在第 2 章中也有所提及,人类退出部分低价值区域作为生态区和风暴潮漫滩的蓄洪区可在某种程度上对于人与自然和谐发展有意义。

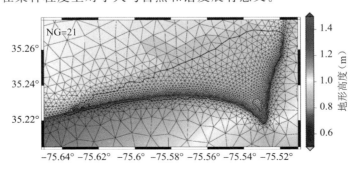

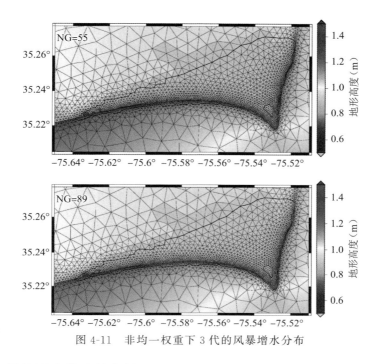

图 4-11　非均一权重下 3 代的风暴增水分布

4.4.4　模拟退火策略的作用

在之前的几组实验中,精英选择策略存在一个问题,即随迭代次数的逐渐增加,迭代的效果在不断降低,常会出现一段利润保持不变的较长过程。其实这与我们的策略选择是有关系的,精英选择策略会使得最优解较快地收敛,但可能会收敛到局部最优解上。一个解决办法是提高种群的多样化程度,这正是我们采用模拟退火策略的原因。本实验中,两个对照组一个不使用退火策略,一个使用退火策略,其他的参数分别为:$P_u = 4\,000$,冷启动,采用片段化策略和精英选择策略,与前实验一致的非均一化损失权重系数。在计算使用退火策略的实验时,以不使用退火策略的实验的 Parents56.log 文件作为执行退火策略的热启动文件,因此,退火策略从第 56 代开始热启动。之所以这样做是因为在 55 代之前,未执行退火策略的优化速度本就较快,不需要另行干涉。

图 4-12 中,我们可以看到,与我们的预计不同,采用模拟退火策略的计算过程的优化结果迟迟没有增长。为了了解其原因,我们画出了使用模拟退火策略的每一代的变异概率和每一代生成的最佳子代的利润。这里的最佳子代与精英选择中的最优解是有区别的,在精英选择中,在没有子代利润高

69

于当前最优解时,最优解保持不变并替换当前代的最劣解进入基因重组环节。而我们说的最佳子代就是当前代适应度最高的解,这个解的利润是小于或等于最优解的。从结果来看,变异概率 m 一直保持在高位,仅在 72 代时有一次下降,随后又上升。这显示在使用模拟退火策略过程中,生成的子代相似程度一直超过我们的期望。较高的变异概率也因此使得好的性状难以被保留下来,因此利润忽高忽低,没有较为明确的趋势。造成优化过程进入一种类似随机搜索的状态。虽然在这次实验中使用模拟退火策略的结果不理想,但是这并不表明该策略不适用于堤坝设计的优化过程,可能在参数设计上还须作出调整。这也提醒其他的研究者,在利用遗传算法进行优化时,并不是采用的策略越多就越好,而是要考虑实际情况,针对性地设置优化参数。

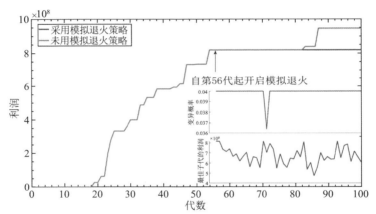

图 4-12　采用模拟退火策略与否的实验的利润,模拟退火策略算例的
变异概率和最佳子代的利润

4.5　小结

从我们的数值实验来看,将遗传算法应用到风暴潮模式中为海堤建设提供参考意见是可行的。在本章中,我们分别介绍了精英选择、模拟退火、片段化策略和权重系数对迭代过程的影响。其中,精英选择策略和片段化策略分别通过影响自然选择与基因重组两个过程减少了搜索次优解的次数。在使用模拟退火策略时须慎重设置参数,对遗传算法来说,过高的变异概率可能使得算法难以收敛。权重系数的改变可以使得迭代过程寻找性价比更高的解,因此,我们在实际工程应用中须仔细考虑各区域赋予的权重系数的大小,以使得遗传算法能找到更合适的海堤建设方案。

子域模拟方法有效地提高了我们的计算效率,我们使用的全域网格大小为 2.99 MB,而子域内部的关注区域加密到 50 m 分辨率的情况下所占用的存储空间也仅为 481 KB,节省了至少 80% 的计算时间。实际上,我们使用的服务器装载了 8168 英特尔至强处理器,在使用 90 个核并行计算 37 个小时后就可以得出 100 次迭代的结果。但是我们仍然需要注意到,100 次迭代是不够的,在实际工程建设而言,需要考虑的因素更多、更复杂,也更精细,我们的方法还需要更多的检验。

5 结论与展望

5.1 结论

本书对沿海区域风暴潮增水的精细化分布情况开展了研究,改进了仅考虑局地变化的风暴潮快速模拟计算方法——子域法,并引入遗传算法开发了基于子域法的海岸防潮堤岸设计优选方法。

首先,我们以我国广东湛江湾地区为例,分析了台风的各种特性对风暴潮增水大小和分布情况的影响,并指出为什么在这样的情景中应该使用动态数值模拟的方法来为海岸工程设计提供参考信息。研究发现,在像湛江湾这样的浅水区域中,风暴潮增水形态显现出极为不均匀的分布特征,且其特征随台风的路径和强度的改变而变化。其中,在 E—W 型台风来临时,湛江湾内的增水梯度是最大的,在我们选择的 33 场过程中湾内平均增水差异超过 1 m。N—S 型的湾内水位梯度最小,且平均增水也很小。

由于湾内风暴潮分布的多变性,一个或少量几个验潮站的观测数据对于一个地区的风暴潮防潮堤岸设计来说是远远不够的,使用数值模式对大量风暴潮过程进行模拟分析是更好地了解整个地区风暴潮水位极值的有效途径。但风暴潮数值计算往往需要大量的网格和巨大的范围,快速计算对多情境的精细化的数值研究是至关重要的。本书展示了子域方法在多情境模拟中相对于传统水位开边界方法的优势,在于使用了全包围型的边界,这可以利用更全面的边界上的状态信息,且使得使用者不再需要人为地定义哪一段边界适合作为开边界,简单高效且更准确。同时,我们也从多方面讨论了子域方法对各个参数的敏感性。其中,采样间隔和计算范围是对子域模拟结果影响最大的两个因素。在采样间隔较小时,我们可以适当地缩小计算范围。总的来说,使用 1～2 min 的采样间隔已经可以获得非常准确的结果。而对子域来说,1°的计算范围也足够使用了。子域方法虽然在使用时准确度高,但在开发时未考虑到利用以往的数据,而这些海量的数据对于研究者来说也很有价值,因此我们为子域方法添加了高分辨率数据重建功能。

RRA 是一种可以将处理后的全域输出的水位和流速数据投入 CSM 运算的方法。实验证明选择三次样条函数作为将边界条件从较粗的时间分辨率插值到较细的时间分辨率上比线性插值更合适。并且使用 30 min 的采样间隔并使用 RRA 计算得出的结果也比使用 1 min 采样间隔的 CN 结果更准确。其结果与使用 CSM 方法采用 10 min 时间分辨率的水位流速时间序列强迫子域边界计算出的结果准确程度接近。对于 RRA 来说,水位时间序列的时间分辨率比流速时间序列的时间分辨率更为重要,因此,对于研究者来说,在以后利用 ADCIRC 计算时可以考虑保留更高时间分辨率的水位数据而非流速数据。相对来说,边界点的干湿状态和最大水位记录的有无并不是制约重模拟计算准确度的重要因素。另外,最大水位值对于提高 RRA 模拟准确度的贡献不明显,这从侧面也说明 RRA 本身具有根据已有的数据去拟合得到大概的最大水位值的能力。

本书的第三部分,即遗传算法部分,是建立在前两部分研究的基础上的。通过对子域方法和高分辨率数据重建方法的研究,我们具备了加速计算的工具,这为将遗传算法应用到风暴潮模式中提供了可行性。这部分中,我们介绍了我们将遗传算法和风暴潮模式结合起来的具体方法以及使用不同的策略对计算过程带来的影响。其中,片段化策略通过让研究者人为设定部分海堤的形态以减少算法的计算量,节省计算时间。精英选择则是通过使用上一代的最优解替换当代的最劣解以保存优良性状,使得模式不用重复发现同样的优良性状。模拟退火策略则监测种群基因的多样化程度,并以提高或降低变异概率的方式对种群的多样化施加影响以保持遗传过程的良性发展。此三者的采用可以有效地提升迭代速度。对于权重系数的实验表明,降低区域内的损失权重系数会使计算结果偏向保守——即减少建设成本以追求性价比,且即使改变一小片区域的权重系数也会使算法朝不同的方向优化。因此,实际工程设计中,计算域中各地区权重系数的赋值需要仔细考虑。

5.2 展望

在本书中,我们仅对一个风暴潮过程开展了实验,这样其实只是验证了在单场风暴潮过程中该方法是可行的。但限于目前的资料,暂时还无法开展大量的实验。在未来的工作中,我们准备获取大数量的历史资料和计算数据,在利用 RRA 技术处理后投入实验,并讨论使用遗传算法得出的结果与使用极值水位回归方法得出的结果的区别。

另外，由于该方法还未被足够多的算例验证，且我们对于灾害损失评估方面的工作还研究得不够，因此，目前用于计算损失的函数还是相对简单。以后的工作中我们考虑将包括淹没时长的更多的因素纳入损失函数中。实验使用的建筑成本的计算方法目前也很单一，仅考虑了单位成本和建筑材料的多少，实际工程建设中所须计算的成本显然更多。当然这也是一个比较大的题目，需要我们花费更长的时间来研究。

当然，我们所采用的方法并不局限于用于为海堤设计提供参考，未来在对脚本进行修改后，也可以用于计算局地的包括反推曼宁系数在内的各项模型参数等。我们希望以后可以用这样的方法来自动为海洋模型提供一系列能适应大多数特定过程的参数，而非由研究者花费时间去调整参数。

参考文献

［1］Amante C，Eakins B W. ETOPO11 arc-minute global relief model: procedures，data sources and analysis［R］. 2009，Boulder，Colorado，United States.

［2］As-Salek J A，Yasuda T. Comparative study of the storm surge models proposed for Bangladesh: Last developments and research needs［J］. Journal of Wind Engineering and Industrial Aerodynamics，1995，54/55: 595-610.

［3］Atkinson G D. Investigation of Gust Factors in Tropical Cyclones ［R］. 1974，San Francisco，California，United States.

［4］Atkinson G D，Holliday C R. Tropical cyclone minimum sea level pressure/maximum sustained wind relationship for the western north Pacific ［J］. Monthly Weather Review，1977: 421-427.

［5］Baluja S，Caruana R. Removing the Genetics from the Standard Genetic Algorithm［C］//International Conference on Machine Learning，1995: 1-10.

［6］Baugh J，Altuntas A，Dyer T，Simon J. Elsevier B. V.，2015. An exact reanalysis technique for storm surge and tides in a geographic region of interest［J］. Coastal Engineering，2015，97: 60-77.

［7］Blain C A，Westerink J J，Luettich R A. The influence of domain size on the response characteristics of a hurricane storm surge model［J］. Journal of Geophysical Research，1994，99: 467-479.

［8］Brown J M，Bolaños R，Wolf J. The depth-varying response of coastal circulation and water levels to 2D radiation stress when applied in a coupled wave-tide-surge modelling system during an extreme storm［J］. Coastal Engineering，2013，82: 102-113.

［9］Burrus R T JR，Dumas C F，Graham J E JR. The Cost of Coastal Storm Surge Damage Reduction［J］. Cost Engineering，2001，43(3)：38-44.

［10］Cai F，Su X，Liu J，Li B，Lei G. Coastal erosion in China under the condition of global climate change and measures for its prevention Coastal erosion in China under the condition of global climate change and measures for its prevention［J］. Progress in Natural Science，2009，19(4)：415-426.

［11］Das P K. Prediction model for storm surges in the Bay of Bengal ［J］. Nature，1972，239(5369)：211-213.

［12］Demissie H K，Bacopoulos P. Elsevier，2017. Parameter estimation of anisotropic Manning's n coefficient for advanced circulation (ADCIRC) modeling of estuarine river currents (lower St. Johns River)［J］. Journal of Marine Systems，2017，169：1-10.

［13］Chen J. The impact of sea level rise on China's coastal areas and its disaster hazard evaluation［J］. Journal of Coastal Research，1997，13(3)：925-930.

［14］Dietrich J C，Bunya S，Westerink J J，Ebersole B A，Smith J M，Atkinson J H，Jensen R，Resio D T，Luettich R A，Dawson C，Cardone V J，Cox A T，Powell M D，Westerink H J，Roberts H J. A high-resolution coupled riverine flow，tide，wind，wind wave，and storm surge model for southern Louisiana and Mississippi. Part II：synoptic description and analysis of hurricanes Katrina and Rita［J］. Monthly Weather Review，2010，138(2)：378-404.

［15］Dietrich J C，Tanaka S，Westerink J J，Dawson C N，Luettich R A，Zijlema M，Holthuijsen L H，Smith J M，Westerink L G，Westerink H J. Performance of the unstructured-mesh，SWAN + ADCIRC model in computing hurricane waves and surge［J］. Journal of Scientific Computing，2012，52(2)：468-497.

［16］Dube S K，Sinha P C，Rao A D，Rao G S. Numerical modelling of storm surges in the Arabian Sea［J］. Applied Mathematical Modelling，1985，9(4)：289-294.

［17］Dupuits E J C，Schweckendiek T，Kok M. Economic optimization of coastal flood defense systems［J］. Reliability Engineering and System

Safety，2017，159：143-152.

［18］Dyer T，Baugh J. Elsevier Ltd，2016. SMT：An interface for localized storm surge modeling［J］. Advances in Engineering Software，2016，92：27-39.

［19］Egbert G D，Erofeeva S Y. Efficient inverse modeling of barotropic ocean tides［J］. Journal of Atmospheric and Oceanic Technology，2002，19(2)：183-204.

［20］Fang G，Susanto D，Soesilo I，Zheng Q，Qiao F，Wei Z. A note on the South China Sea shallow interocean circulation［J］. Advances in Atmospheric Sciences，2005，22(6)：946-954.

［21］Feng J，Jiang W，Bian C. Numerieal prediction of storm surge in the Qingdao area under the impact of climate change［J］. Journal of Ocean University of China，2014，13(4)：539-551.

［22］Feng J，Storch H VON，Jiang W，Weisse R. Assessing changes in extreme sea levels along the coast of China［J］. Journal of Geophysical Research：Oceans，2015，120：8039-8051.

［23］Flather R. Storm surge prediction model for the northern bay of Bengal with application to cyclone disaster in april 1991［J］. Journal of Physical Oceanography，1994，24：172-190.

［24］Flather R A. Existing operational oceanography［J］. Coastal Engineering，2000，41：13-40.

［25］Foti E，Musumeci R E，Stagnitti M. Springer International Publishing，2020. Coastal defence techniques and climate change：a review［J］. Rendiconti Lincei，2020，31(1)：123-138.

［26］Fritz H M，Blount C D，Thwin S，Thu M K，Chan N. Cyclone Nargis storm surge in Myanmar［J］. Nature Geoscience，2009，2（7）：448-449.

［27］Fritz H M，Blount C，Sokoloski R，Singleton J，Fuggle A，McAdoo B G，Moore A，Grass C，Tate B. Hurricane Katrina storm surge distribution and field observations on the Mississippi Barrier Islands［J］. Estuarine，Coastal and Shelf Science，2007，74：12-20.

［28］Garratt J R. Review of drag coefficients over oceans and continents［J］.

Monthly Weather Review，1977，105(7)：915-929.

　　[29] Glahn B，Taylor A，Kurkowski N，Shaffer W A．The role of the SLOSH model in national weather service storm surge forcasting[J]．National Weather Digest，2009，33(1)：3-14.

　　[30] Goldberg D E，Korb B，Deb K．Messy Genetic Algorithms：Motivation，Analysis，and First Results[J]．Complex Systems，1989，3：493-530.

　　[31] Guo Y，Zhang J，Zhang L，Shen Y．Elsevier Ltd，2009．Computational investigation of typhoon-induced storm surge in Hangzhou Bay，China[J]．Estuarine，Coastal and Shelf Science，2009，85(4)：530-536.

　　[32] Haigh I D，Wijeratne E M S，MacPherson L R，Pattiaratchi C B，Mason M S，Crompton R P，George S．Estimating present day extreme water level exceedance probabilities around the coastline of Australia：Tides，extra-tropical storm surges and mean sea level[J]．Climate Dynamics，2014，42：121-138.

　　[33] Hansen W．Theorie zur Errenchnung des Wasserstandes und der Strömungen in Randeren nebst Awendungen[J]．Tellus，1956，8(3)：287-300.

　　[34] Heltberg R，Bonch-Osmolovskiy M．Mapping vulnerability to climate change[R]．2011.

　　[35] Holland J．Adaptation in natural and artificial systems：an introductory analysis with application to biology[M]．Control and artificial intelligence，1975.

　　[36] Horsburgh K J，Wilson C．Tide-surge interaction and its role in the distribution of surge residuals in the North Sea[J]．Journal of Geophysical Research：Oceans，2007，112(8)：1-13.

　　[37] Hou Y J，Yin B S，Guan C L，Guo M K，Liu G M，Hu P．Progress and Prospect in Research on Marine Dynamic Disasters in China[J]．Oceanologia et Limnologia Sinica，2020，51(4)：759-767.

　　[38] Hu K，Chen Q，Wang H．Elsevier B. V.，2015．A numerical study of vegetation impact on reducing storm surge by wetlands in a semi-enclosed estuary[J]．Coastal Engineering，2015，95：66-76.

［39］Hubbert G D，Leslie L M，Manton M J. A storm surge model for the Australian region［J］. Quarterly Journal of the Royal Meteorological Society，1990，116(494)：1005-1020.

［40］Irish J L，Frey A E，Rosati J D，Olivera F，Dunkin L M，Kaihatu J M，Ferreira C M，Edge B L. Elsevier，2010. Potential implications of global warming and barrier island degradation on future hurricane inundation，property damages，and population impacted［J］. Ocean&Coastal Management，2010，53（10）：645-657.

［41］Irish J L，Resio D T，Ratcliff J J. The Influence of Storm Size on Hurricane Surge［J］. Journal of Physical Oceanography，2008，38（9）：2003-2013.

［42］Jelesnianski C P. A numerical calculation of storm tides induced by a tropical storm imping on a continental shelf［J］. Monthly Weather Review，1965，93(6)：343-358.

［43］Jelesnianski C P. SPLASH：（Special Program to List Amplitudes of Surges from Hurricanes）. I，Landfall storms［R］，1972.

［44］Johns B，Dube S K，Mohanty U C，Sinha P C. Numerical simulation of the surge generated by the 1977 Andhra cyclone［J］. Quarterly Journal of the Royal Meteorological Society，1981，107(454)：919-934.

［45］Johns B，Sinha P C，Dube S K，Mohanty U C，Rao A D. Simulation of storm surges using a three-dimensional numerical model：An application to the 1977 Andhra cyclone［J］. Quarterly Journal of the Royal Meteorological Society，1983，109(459)：211-224.

［46］Jones J E，Davies A M. Storm surge computations for the Irish Sea using a three-dimensional numerical model including wave-current interaction［J］. Continental Shelf Research，1998，18：201-251.

［47］Jones J E，Davies A M. Storm surge computations in estuarine and near-coastal regions：The Mersey estuary and Irish Sea area［J］. Ocean Dynamics，2009，59(6)：1061-1076.

［48］Jordan M R，Clayson C A. A new approach to using wind speed for prediction of tropical cyclone generated storm surge［J］. Geophysical Research Letters，2008，35(13)：2-4.

［49］Karim M F，Mimura N. Pergamon，2008. Impacts of climate change and sea-level rise on cyclonic storm surge floods in Bangladesh［J］. Global Environmental Change，2008，18(3)：490-500.

［50］Katsman C A，Sterl A，Beersma J J，van den Brink H W，Church J A，Hazeleger W，Kopp R E，Kroon D，Kwadijk J，Lammersen R，Lowe J，Oppenheimer M，Plag H P，Ridley J，von Storch H，Vaughan D G，Vellinga P，Vermeersen L L A，van de Wal R S W，Weisse R. Exploring high-end scenarios for local sea level rise to develop flood protection strategies for a low-lying delta-the Netherlands as an example［J］. Climatic Change，2011，109：617-645.

［51］Kirkpatrick S，Gelatt C D，Vecchi M P. Optimization of Simulated Annealing［J］. Science，1983，220(4598)：671-680.

［52］Kivisild H R. Elander，1954. Wind effect on shallow bodies of water：with special reference to lake Okeechobee［M］，1954.

［53］Kohno N，Dube S，Entel M，Fakhruddin S，Greenslade D，Leroux M-D，Rhome J，Thuy N. Recent progress in storm surge forecasting［J］. Tropical Cyclone Research and Review，2018，7(2)：128-139.

［54］Lagmay A M F，Agaton R P，Bahala M A C，Briones J B L T，Cabacaba K M C，Caro C V C，Dasallas L L，Gonzalo L A L，Ladiero C N，Lapidez J P，Mungcal M T F，Puno J V R，Ramos M M A C，Santiago J，Suarez J K，Tablazon J P. Devastating storm surges of Typhoon Haiyan［J］. International Journal of Disaster Risk Reduction，2015，11：1-12.

［55］Li K，Li G S. Vulnerability assessment of storm surges in the coastal area of Guangdong Province［J］. Natural Hazards and Earth System Science，2011，11(7)：2003-2010.

［56］Lin N，Emanuel K，Oppenheimer M，Vanmarcke E. Physically based assessment of hurricane surge threat under climate change［J］. Nature Climate Change，2012，2(6)：462-467.

［57］Liu D，Pang L，Xie B. Typhoon disaster in China：Prediction，prevention，and mitigation［J］. Natural Hazards，2009，49(3)：421-436.

［58］Liu X，Jiang W，Yang B，Baugh J. Numerical study on factors influencing typhoon-induced storm surge distribution in Zhanjiang Harbor［J］.

Estuarine, Coastal and Shelf Science, 2018, 215: 39-51.

[59] Lowe J A, Gregory J M, Flather R A. Changes in the occurrence of storm surges around the United Kingdom under a future climate scenario using a dynamic storm surge model driven by Hadley Centre climate models[J]. Climate Dynamics, 2001, 18: 179-188.

[60] Luettich R A, Westerink J J, Scheffner N W. ADCIRC: an advanced three-dimensional circulation model for shelves coasts and estuaries, report 1: theory and methodology of ADCIRC-2DDI and ADCIRC-3DL, Dredging Research Program Technical Report DRP-92-6, U. S. Army Engineers Waterways Experiment Station[R], 1992.

[61] Luettich R A, Birkhahn R H, Westerink J J. Application of ADCIRC-2DDI to Masonboro Inlet, North Carolina: A brief numerical modeling study, Contractors Report to the US Army Engineer Waterways Experiment Station,[R], 1991.

[62] Luettich R, Westerink J J. Formulation and Numerical Implementation of the 2D/3D ADCIRC Finite Element Model Version 44. XX[R], 2004.

[63] Martinsen E A, Gjevik B, Röed L P. A numerical model for long barotropic waves and storm surges along the western coast of Norway[J]. Journal of Physical Oceanography, 1979, 9(6): 1126-1138.

[64] McInnes K L, Walsh K J E, Hubbert G D, Beer T. Impact of sea-level rise and storm surges in a coastal community[J]. Natural Hazards, 2003, 30(2): 187-207.

[65] Michalewicz Z. Genetic algorithms + Data structures = Evolution program[M]. Berlin, Germany, 1992.

[66] ASCE. Minimum Design Loads for Buildings and Other Structures, Standard ASCE/SEI 7-05[S]. American Society of Civil Engineers, 2005: 1-369.

[67] Morang A. Shinnecock Inlet, New York, Site Investigation Report 1, Morphology and Historical Behavior[R]. 1999, Vicksburg, Mississippi, United States.

[68] Nørgaard J Q H, Bentzen T R, Larsen T, Andersen T L, Kvejborg

S. Influence of closing storm surge barrier on extreme water levels and water exchange: the Limfjord, Denmark[J]. Coastal Engineering Journal, 2014, 56(01): 1450005.

[69] Olbert A I, Hartnett M. Elsevier Ltd, 2010. Storms and surges in Irish coastal waters[J]. Ocean Modelling, 2010, 34(1-2): 50-62.

[70] Pendleton E A, Theiler E R, Williams S J. Coastal vulnerability assessment of Cape Hatteras National Seashore (CAHA) to sea-level rise [R]. 2005, Woods Hole, Massachusetts, United States.

[71] Prandle D, Wolf J. The interaction of surge and tide in the North Sea and River Thames[J]. Geophysical Journal of the Royal Astronomical Society, 1978, 55(1): 203-216.

[72] Pugh D. Changing sea levels: effects of tides, weather and climate. [M]. 2004, Cambridge, United Kingdom.

[73] Rahmstorf S. A Semi-Empirical Approach to Projecting Future Sea-Level Rise[J]. Science, 2007, 315(5810): 368-370.

[74] Resio D T, Westerink J J. Modeling the physics of storm surges [J]. Physics Today, 2008, 7: 3-9.

[75] Saito K, Fujita T, Yamada Y, Ishida J, Kumagai Y, Aranami K, Ohmori S, Nagasawa R, Kumagai S, Muroi C, Kato T, Eito H, Yamazaki Y. The Operational JMA Nonhydrostatic Mesoscale Model[J]. Monthly Weather Review, 2006, 134(4): 1266-1298.

[76] Shamsuddoha MD, Chowdhury R K. Climate Change Impact and Disaster Vulnerabilities in the Coastal Areas of Bangladesh[R], 2007.

[77] Shen J, Gong W. Influence of model domain size, wind directions and Ekman transport on storm surge development inside the Chesapeake Bay: A case study of extratropical cyclone Ernesto, 2006[J]. Journal of Marine Systems, 2009, 75: 198-215.

[78] Sheng J, Zhai X, Greatbatch R J. Numerical study of the storm-induced circulation on the Scotian Shelf during Hurricane Juan using a nested-grid ocean model[J]. Progress in Oceanography, 2006, 70(2-4): 233-254.

[79] Sheng Y P, Alymov V, Paramygin V A. Simulation of storm surge, wave, currents, and inundation in the outer banks and Chesapeake bay

during Hurricane Isabel in 2003: The importance of waves[J]. Journal of Geophysical Research: Oceans, 2010, 115(4).

[80] Shi X, Liu S, Yang S, Liu Q, Tan J, Guo Z. Spatial-temporal distribution of storm surge damage in the coastal areas of China[J]. Natural Hazards, 2015, 79(1): 237-247.

[81] Shi X, Chen B, Qiu J, Kang X, Ye T. Simulation of inundation caused by typhoon-induced probable maximum storm surge based on numerical modeling and observational data[J]. Stochastic Environmental Research and Risk Assessment, 2021, 35(11): 2273-2286.

[82] Soloman S, Qin D, Manning M, Chen Z, Marquis M, Averyt K, Tignor M, Miller H L. IPCC fourth assessment report (AR4)[R], 2007, Cambridge, United Kingdom and New York, New York, United States.

[83] Soontiens N, Allen S E, Latornell D, Le Souëf K, Machuca I, Paquin J-P, Lu Y, Thompson K, Korabel V. Storm Surges in the Strait of Georgia Simulated with a Regional Model[J]. Atmosphere-Ocean, 2016, 54 (1): 1-21.

[84] USACE. Interim survey report, Morgan City, Louisiana and Vicinity, Serial No. 63[R], 1963, New Orleans, Louisiana.

[85] Vermeer M, Rahmstorf S. Global sea level linked to global temperature[J]. Proceedings of the National Academy of Sciences, 2009, 106(51): 21527-21532.

[86] Wamsley T V., Cialone M A, Smith J M, Ebersole B A, Grzegorzewski A S. Influence of landscape restoration and degradation on storm surge and waves in southern Louisiana[J]. Natural Hazards, 2009, 51(1): 207-224.

[87] Wamsley T V., Cialone M A, Smith J M, Atkinson J H, Rosati J D. Elsevier, 2010. The potential of wetlands in reducing storm surge[J]. Ocean Engineering, 2010, 37: 59-68.

[88] Wang S, McGrath R, Hanafin J, Lynch P, Semmler T, Nolan P. The impact of climate change on storm surges over Irish waters[J]. Ocean Modelling, 2008, 25(1-2): 83-94.

[89] Wang Z B, Hoekstra P, Burchard H, Ridderinkhof H, De Swart H

E，Stive M J F. Elsevier，2012. Morphodynamics of the Wadden Sea and its barrier island system[J]. Ocean & Coastal Management，2012，68：39-57.

［90］Weaver R J，Slinn D N. Influence of bathymetric fluctuations on coastal storm surge[J]. Coastal Engineering，2010，57(1)：62-70.

［91］Weisberg R H，Zheng L. Hurricane storm surge simulations comparing three-dimensional with two-dimensional formulations based on an Ivan-like storm over the Tampa Bay，Florida region[J]. Journal of Geophysical Research：Oceans，2008，113(12)：1-17.

［92］Wells N. The Atmosphere and Ocean：A Physical Introduction，3rd Edition［M］，2012.

［93］Williams G L，Morang A，Lillycrop L. Shinnecock Inlet，New York，Site Investigation Report 2，Evaluation of Sand Bypass Options［R］，1998，Vicksburg，Mississippi，United States.

［94］Xu H，Zhang K，Shen J，Li Y. Storm surge simulation along the U. S. East and Gulf Coasts using a multi-scale numerical model approach[J]. Ocean Dynamics，2010，60(6)：1597-1619.

［95］Ying M，Zhang W，Yu H，Lu X，Feng J，Fan Y X，Zhu Y，Chen D. An overview of the China meteorological administration tropical cyclone database[J]. Journal of Atmospheric and Oceanic Technology，2014，31(2)：287-301.

［96］Zhang K，Li Y，Liu H，Xu H，Shen J. Comparison of three methods for estimating the sea level rise effect on storm surge flooding[J]. Climatic Change，2013，118(2)：487-500.

［97］丁文兰. 南海潮汐和潮流的分布特征[J]. 海洋与湖沼,1986,17(6)：468-480.

［98］乐肯堂. 我国风暴潮灾害及防灾减灾战略[J]. 海洋预报,2002,19(1)：9-15.

［99］冯士筰. 科学出版社,1982. 风暴潮导论[M]. 北京:科学出版社.

［100］刘春霞,赵中阔,毕雪岩,袁金南,温冠环,黄辉军. 海洋环流与海浪模式的发展及其应用[J]. 气象科技进展,2017:12-22.

［101］孙文心,冯士筰,秦曾灏. 超浅海风暴潮的数值模拟(Ⅱ)——渤海风潮的一阶模型[J]. 海洋学报(中文版),1980,10(2):7-19.

[102] 孙文心,秦曾灏,冯士筰. 超浅海风暴潮的数值模拟(一)——零阶模型对渤海风潮的初步应用[J]. 海洋学报(中文版),1979,1(2):193-211.

[103] 应秩甫,王鸿寿. 湛江湾的围海造地与潮汐通道系统[J]. 中山大学学报(自然科学版),1996,35(6):101-105.

[104] 张文静,朱首贤,黄韦艮. 卫星遥感资料在湛江港风暴潮漫滩计算中的应用[J]. 解放军理工大学学报(自然科学版),2009,10(5):501-506.

[105] 房浩,李善峰,叶晓滨. 天津市风暴潮经济损失评估[J]. 海洋环境科学,2007,26(3):271-274.

[106] 李希彬,孙晓燕,宋军,姚志刚. 湛江湾三维潮汐潮流数值模拟[J]. 海洋通报,2011,30(5):509-517.

[107] 殷克东,孙文娟. 风暴潮灾害经济损失评估指标体系研究[J]. 中国渔业经济,2011,3(29):87-90.

[108] 江志辉,华锋,曲平. 一个新的热带气旋参数调整方案[J]. 海洋科学进展,2008,26(1):1-7.

[109] 王欣睿,孙波涛,陈强,马小惠,黄根华. 0606 号台风"派比安"风暴潮特征分析与总结[J]. 海洋预报,2008,25(2):99-105.

[110] 王秀芹,钱成春,王伟. 计算域的选取对风暴潮数值模拟的影响[J]. 青岛海洋大学学报,2001,31(3):319-324.

[111] 石海莹,黄厚衡. 1117 号"纳沙"和 1119 号"尼格"风暴潮比较分析[J]. 海洋预报,2013,30(2):62-67.

[112] 秦曾灏,冯士筰. 浅海风暴潮动力机制的初步研究[J]. 中国科学,1975,18(1):64-78.

[113] 董剑希,付翔,吴玮,赵联大,于福江. 中国海高分辨率业务化风暴潮模式的业务化预报检验[J]. 海洋预报,2008,25(2):11-17.

[114] 许启望,谭树东. 风暴潮灾害经济损失评估方法研究[J]. 海洋通报,1998,17(1):1-12.

[115] 赵昕. 风暴潮灾害经济损失评估分析-以山东省为例[J]. 中国渔业经济,2011,3(29):91-97.

[116] 郭海荣,焦文海,杨元喜. 1985 国家高程基准与全球似大地水准面之间的系统差及其分布规律[J]. 测绘学报,2004,33(2):100-104.

[117] 陈奕德,董兆俊,蒋国荣,罗坚. 湛江港风暴增水特征分析[J]. 海洋预报,2002,19(3):44-52.

［118］马志刚,郭小勇,王玉红,袁玲玲,徐春红,马志刚,郭小勇,王玉红,袁玲玲,徐春红. 风暴潮灾害及防灾减灾策略[J]. 海洋技术,2011,30(2):131-133.

［119］马经广,胡建华. 2003 年广东风暴潮分析和预报总结[J]. 海洋预报,2004,21(2):78-85.

［120］蒋国荣,吴咏明,朱首贤,沙文钰. 影响湛江的台风风场数值模拟[J]. 海洋预报,2003,20(2):41-48.

附录

附录1 防潮堤岸优化输入文件

此处仅介绍脚本输入文件和输出文件,不包括 ADCIRC 模式的输入、输出文件。

输入文件包括 ga.ctl、selectedNodes.in、weight.in。

ga.ctl 格式为

S_{pop} ♯种群中个体的个数

R_{Cross} ♯基因重组概率

$Ind_{SA} k c \lambda m_{max}$ ♯退火策略使用指数(1-使用,0-不使用)、用于比较的子代的排名、倍数、延迟参数、最大变异概率

m_0 ♯初始变异概率

N_{gen} ♯最大计算代数

$V_{lim} P_u$ ♯最大建筑材料使用量 材料的单位价格

l ♯单位面积单位有效满水高度上的直接经济损失

$h_b h_s n$ ♯海堤基本高度 单步增加值 可增加层数

Ind_{ST} ♯启动策略使用指数(1-冷启动,2-热启动)

Ind_{WF} ♯权重文件使用指数(1-使用,2-不使用)

Ind_{ES} ♯精英策略使用指数(1-使用,2-不使用)

selectedNodes.in 格式为

N_{sec} ♯片段数

For i = 1 : N_{sec}

     NN(rand) NN(rand)... NN(rand) ♯点编号行,每行上的点数目可以不一样,点编号值无顺序

    End

weight. in 格式为

    w_{default} ♯默认权重值

    N_{assign} ♯特别赋予权重值的点的个数

    For i $= 1 : N_{\text{assign}}$

        NN(rand) w(rand) ♯点的编号 赋予的权重值

    End

输出文件包括 Parents. log、Elite. log。

Parents. log 格式为

    Str1 Str2 Str3   ♯说明文字

    $S_{\text{pop}} Len_{\text{gene}} m$ ♯种群个体数 基因节点数 该代所使用的变

异概率

    For i $= 1 : S_{\text{pop}}$

        $NG\ Gene\ f$ ♯当前代数 基因编码 适应度

    End

Elite. log 格式为

    Str1 Str2 Str3 Str4   ♯说明文字

    Len_{gene} ♯基因节点数

    For

        $NG\ Gene\ B\ C\ P\ m$ ♯当前代数 基因编码 收益 支出 利润 变异

概率

附录 2　名词解释

［海表面风速］

    海表面风速指海表面上空空气相对于固定点的运动速率,本书中特指海表面上空 10 m 处的风速。

［波浪辐射应力］

    波浪辐射应力是波浪在水体中引起的剩余动量流。

［采样间隔］

    采样间隔是在采样过程中,两次取样之间的时间间隔。

[潮间带]

　　潮间带是指平均最高潮位和最低潮位间的海岸,也就是海水涨至最高时所淹没的地方开始至潮水退到最低时露出水面的范围。潮间带以上,海浪的水滴可以达到的海岸,称为潮上带。

[次优解]

　　次优解指在复杂问题中无法获取最优解时,在多个解中找到的一个相对优的解。

[大地水准面]

　　大地水准面是一个假想的由地球自由静止的海水平面,扩展延伸而形成的闭合曲面。但是由于重力分布的不同,大地水准面和完美椭球体有一定出入。

[大气强迫]

　　大气强迫是指通过大气向海洋输入的动量,本书中特指风和气压。

[单向嵌套]

　　单向嵌套指粗糙(父)域为较高分辨率的嵌套(子)域提供边界值。较高分辨率的嵌套(子)域运行结果不影响粗糙(父)域的计算。

[地理信息系统]

　　地理信息系统是一种具有信息系统空间专业形式的数据管理系统。地理信息系统技术能够应用于科学调查、资源管理、财产管理、发展规划、绘图和路线规划。例如,一个地理信息系统能使应急计划者在自然灾害的情况下较易计算出应急反应时间,或利用地理信息系统来发现那些需要保护不受污染的湿地。

[底摩擦]

　　底摩擦是指海洋底部对流体(水)的摩擦作用。这种作用导致海洋底部的水体与底部的固体地表之间发生摩擦,从而影响海洋流体的运动和动力学特性。一般海洋模型通过底摩擦系数等参数控制底摩擦力的大小,从而调整模拟结果。

[多情境模拟方法]

　　多情境模拟方法是一种用于分析和预测复杂系统行为的方法,它考虑在不同情境或条件下系统可能的变化和响应。在多情境模拟中,模型会根据不同的情境进行多次运行,每次运行都代表一个特定的情境。这些情境可以是不同的初始条件、不同的输入数据、不同的参数设置,或者是代表不同的假设或政策。

[二维深度积分]

　　二维深度积分是一种数学概念,通常与多变量函数的积分相关。它涉及对一个函数在二维平面上的某个区域上的积分,同时考虑函数在垂直方向(通常是深度或高度方向)上的变化。

[非局地风暴潮]

  非局地风暴潮是指在风暴潮形成过程中,不仅仅受到直接风力的影响,还受到远处的风场变化所影响的现象。这种现象主要发生在大范围的海洋区域中,远距离风场的变化可能会在较长时间内影响某个特定区域的风暴潮。

[非线性作用]

  非线性作用是指系统中不同部分之间的相互作用不遵循线性关系的情况。换句话说,当系统的响应与其输入之间不是简单的比例关系时,就会出现非线性作用。这种非线性关系可以导致复杂的行为和现象。

[风暴潮]

  风暴潮是一种灾害性的自然现象。由于剧烈的大气扰动,如强风和气压骤变(通常指台风和温带气旋等灾害性天气系统)导致海水异常升降,使受其影响的海区的潮位大大地超过平常潮位的现象,称为风暴潮。台风风暴潮,多见于夏秋季节。其特点是:来势猛、速度快、强度大、破坏力强。凡是有台风影响的沿海地区均有台风风暴潮发生。

[风暴增水]

  风暴增水简称为增水,是风暴潮中局部海面振荡或非周期异常升高的现象。

[风应力]

  风应力是指风对海洋或地表的物体施加的力。它是由风速和风与地表或海洋之间的摩擦力之间的相互作用引起的。

[干湿状态]

  干湿网格是一种模型网格的配置,它允许在模拟中同时考虑陆地和海洋之间的交互作用,其中干网格表示陆地,而湿网格表示海洋。干网格不参与纳维斯托克斯方程的求解,干网格和湿网格在一定条件下可以相互转换,干湿状态即是描述网格干或湿的参数。

[高程]

  高程是地球表面相对于某个基准面的垂直距离或高度。在本书中,高程的基准面是平均海平面。

[固壁边界]

  固壁边界是在海洋数值模拟和计算流体力学中常用的一种边界条件,用于模拟流体在物体表面的运动。在固壁边界上,法向流速为 0。海洋数值模拟中,固壁边界一般用于表示海岸或是海水无法越过的障碍物。

[海表面粗糙度]

　　海表面粗糙度是指海洋表面在微观尺度上的不规则程度,通常用来描述海洋表面的起伏和波浪结构。海表面粗糙度对于气象、海洋学和海洋工程等领域的研究非常重要,它影响风暴潮、海浪生成、能量交换以及海洋和大气之间的相互作用。

[曼宁系数]

　　曼宁系数是在水动力学中用于描述河床或海底的摩擦阻力的参数。曼宁系数代表了流体通过底部时的摩擦损失,具体值取决于底部的粗糙度和流体的性质。

[回归极值]

　　回归极值是一种统计方法,用于分析和建模极端事件或极值观测值的分布。这种方法主要用于研究极端事件的概率分布和可能性,如风暴潮增水、极端温度、降水量、洪水流量。

[解空间]

　　解空间是指在特定问题或模型中,所有可能的解构成的空间。它在数学、工程、计算机科学以及其他领域中都有重要的应用。

[精英选择策略]

　　精英选择策略是一种在进化算法和遗传算法等优化算法中使用的策略,用于选择优良个体(称为"精英")进一步遗传到下一代,以提高算法的收敛速度和性能。

[局地风暴潮]

　　局地风暴潮是指在特定地理位置发生的局部性风暴潮现象,通常由局地风力、气压变化和地形等因素相互作用引起。

[开边界]

　　开边界表示一个模拟区域的边界,其中流体或物理量可以自由流出或流入。

[科氏参数]

　　科氏参数,也称为科氏参数或科里奥利参数,是一个用来描述地球自转引起的科氏力效应的物理参数。科氏参数在气象学、海洋学和地球科学中经常用于描述旋转地球上物体受到的影响。

[可能最大风暴潮模拟]

　　可能最大风暴潮模拟通常是指在极端气象条件下,通过数值模型计算预测可能发生的最强风暴潮情况。这种模拟在海洋工程、海岸防御规划、灾害管理等领域中具有重要意义,可以帮助评估在极端风暴事件下可能的海洋灾害风险。

[空间变异性]

　　空间变异性是指在空间上某一属性(如温度、盐度、水位、流速)的值随着位置的不同而发生变化的现象。这种变化可以是连续的,也可以是离散的,通常是由于地理位置、地形、地貌、气候等因素的影响所引起的。

[漫滩]

　　漫滩是指在风暴潮事件中,海水超出了正常水位,涌入沿海地区或低洼地带,形成临时的滩地。漫滩可能对沿海地区造成严重影响,导致土地侵蚀、建筑物损坏、农田受灾等。

[模拟退火]

　　模拟退火是一种优化算法,灵感来源于固体退火过程,其基本思想是模拟固体物质冷却时的原子分布过程,以概率性的方式逐步接受较差解,从而跳出局部最优解,逐渐趋向全局最优解。

[纳维尔-斯托克斯方程]

　　纳维尔-斯托克斯方程是描述流体力学中流体运动的基本偏微分方程组。它们以法国数学家克劳德-路易·纳维尔和爱尔兰数学家乔治·斯托克斯的名字命名。纳维尔-斯托克斯方程对于研究流体的速度、压力和密度随时间和空间的变化非常重要。

[平均潮差]

　　平均潮差是指在某个特定地点,根据一定的时间周期内多次潮汐观测数据计算得出的平均高潮和低潮之间的垂直距离。平均潮差的大小取决于地理位置、海洋地形、潮汐力等多个因素。不同地区的平均潮差可能会有很大的差异。

[气压场]

　　气压场是指在一定时间和空间范围内,不同位置的大气气压分布情况。

[嵌套网格技术]

　　嵌套网格技术是一种在计算领域内使用多个网格来模拟复杂系统的数值模拟方法。其基本思想是在一个大的计算区域内放置一个或多个较粗的网格,然后在感兴趣的区域内放置更细的网格,以便更准确地模拟局部现象。

[全域]

　　全域通常用于描述一个涵盖整个特定领域或范围的情况,无遗漏地包括了所考虑的全部内容。本文中全域指计算风暴潮所使用的整个计算域。

[热带气旋]

热带气旋,是生成于热带或副热带洋面上,具有有组织的对流和确定的气旋性环流的非锋面性的天气尺度的涡旋的统称。它包括热带低压、热带风暴、强热带风暴、台风、强台风和超强台风。热带气旋常见于西太平洋及其临近海域(台风)、大西洋和东北太平洋(飓风)以及印度洋和南太平洋。

[时间步长]

时间步长是指在数值模拟和计算中,模拟系统或过程在时间上前进的间隔。在模拟物理过程、数学模型或计算机模拟中,时间步长的选择对于模拟结果的准确性、稳定性和计算效率都具有重要影响。

[适应度函数]

适应度函数是在优化问题和进化算法中使用的一种函数,用于衡量候选解的质量或适应性。适应度函数根据问题的性质和优化目标,将每个候选解映射到一个实数值,该值表示了候选解的优劣程度。在进化算法中,适应度函数起到了指导搜索方向的作用,它决定了哪些候选解更有可能被选择和保留。

[数值离散方法]

数值离散方法是一类用于求解连续数学问题的数值解法,其基本思想是将连续的时间和空间分割成离散的步长和网格,然后使用近似技术(如插值、近似求导)来处理问题。这种方法的核心是将连续的问题转化为离散的问题,然后使用计算机进行数值计算。常见的数值离散方法包括有限差分法、有限元法、有限体积法、谱方法等。

[数值模拟]

数值模拟是一种通过计算机利用数值方法对现实世界中的物理、数学、工程等问题进行近似求解和分析的方法。数值模拟的基本思想是将复杂的连续问题转化为离散的数学问题,通过对离散问题进行数值计算来获得近似解。

[双向嵌套]

双向嵌套运行是指同时运行不同网格分辨率的多个域并相互通信。粗糙(父)域为较高分辨率的嵌套(子)域提供边界值,嵌套将其计算反馈给粗糙域。

[涡粘性系数]

湍流粘性来源于雷诺平均的 N—S 方程中多出来的脉动应力项,称之为雷诺应力。为了使时均方程组封闭,必须对雷诺应力做出某种假设,将湍流的脉动值与时均值联系起来。Boussinesq 提出了涡粘性假设:雷诺应力正比于时均速度梯度,其中,比例系数表征了湍流脉动引起的切应力效应,称为涡粘性系数。

[水位边界]

水位边界是在模拟海洋水体运动时经常用到的一种边界条件。它指的是在计算域的边界上,根据预先设定的随时间变化的水位高度来驱动海水运动。

[损失函数]

损失函数,也称为代价函数、目标函数,是在机器学习、优化问题和统计建模中使用的一个重要概念。它用于衡量模型的预测值与实际观测值之间的差异,或者衡量优化问题的目标值与当前解之间的差异。损失函数通常是一个数值,表示模型或解的性能好坏。

[台风路径]

台风路径指台风形成后所运行的路径。大致可分为三类:西移型、登陆型、转向型。造成台风路径多种多样的原因,主要是台风在大气运动过程中,受到复杂大气环境等因素的影响。

[台风移行速度]

台风移行速度即台风中心的移动速度,其大小一般是在 10 到 20 千米之间。

[台风中心气压]

台风中心气压指台风中心处的气压,一般以百帕(hPa)作为计量单位。台风中心气压一般比标准大气压低几十到上百百帕。

[台风最大风速半径]

台风的风速一般从中心到外圈呈现先升高后降低的趋势,在台风眼墙区附近,台风旋转风速达到最大,台风最大风速处距离台风中心的平均距离被称为台风最大风速半径。

[样条插值]

样条插值是一种常用的数值插值方法,用于在给定一些离散数据点的情况下,构造出一个光滑的曲线或曲面,以便在数据点之间进行插值。样条插值的目标是通过引入分段多项式函数来逼近原始数据,以获得更连续、平滑的插值结果。

[遗传算法]

遗传算法是一种受到生物进化思想启发的优化算法,用于求解复杂问题的近似解。遗传算法模拟了生物进化的过程,通过模拟遗传、交叉、变异等操作来搜索问题的解空间,逐步优化求解结果。

[有限差分方法]

有限差分方法是一种数值计算方法,用于解决偏微分方程或常微分方程等数学模型。通过计算函数在特定点上的差分来近似函数的导数,它将连续的空间和时间域分割成离散的网格点,然后在这些网格点上进行数值逼近。

[有限体积法]

有限体积法是一种数值计算方法,它在空间上将计算区域划分为许多小的控制体积(或有限体积单元),然后在每个体积单元上应用守恒方程。在守恒方程中,通常涉及物理量的通量、源项和积分,通过对体积积分来近似求解。

[有限元方法]

有限元方法是一种数值计算方法,它将连续问题离散化为一系列小的有限单元,然后在每个元上构建近似函数,将原始的偏微分方程或常微分方程转化为线性代数方程组,通过数值求解方法解出方程组,得到近似解。

[有效粗糙长度]

有效粗糙长度是流体动力学中一个重要的概念,用来描述在流体流动中,流体与物体表面之间的摩擦影响的距离尺度。有效粗糙长度在流体力学中与壁面摩擦、边界层形成等现象有关。当流体流经物体表面时,由于表面的粗糙度,流体流动会受到阻碍,从而引起摩擦。有效粗糙长度代表了在流动中,流体感受到的平均摩擦效应的距离。

[重模拟]

重模拟是指在已有观测数据和模型的基础上,重新运行数值模拟以生成新的模拟结果。这个过程可以用来改进对现象或系统的理解,验证模型的准确性,或者进行敏感性分析,等等。

[重现期]

重现期,又称为重复期或重现时间,是指在统计学和水文学中用来描述特定事件发生频率的一个概念。它通常用来衡量某种极端事件在一定时间段内发生的概率。

[子域]

在科学、工程和计算领域,子域通常指的是在整个领域或问题域中的一个局部区域。这个局部区域可以是在空间上划分出来的,也可以是在问题的某个特定方面或特性上进行划分。

[最佳路径数据集]

最佳路径数据集通常是指一个记录了从一个起点到一个终点的最优路径信息的数据集合。本书中指的是记录了台风或热带气旋的历史路径、强度和其他相关信息的数据集合。

[最优解]

最优解是指在一定的条件下，在所有可行解中具有最优性能或最佳结果的解决方案。在优化问题中，寻找最优解是一个核心目标，这意味着在给定的限制条件下，找到使目标函数取得最大值或最小值的变量值。

附录3 文中使用的英文缩写

ADCIRC，Advanced Circulation Model，先进环流模型

AE，Average Error，平均误差

ME，Maximum Error，最大误差

MEE，Maximum Elevation Error，最大水位误差

CDF，Cumulative Distribution Function，累积误差函数

CFL，Courant-Friedrichs-Lewy，柯朗-弗里德里希斯-列维条件

CN，Conventional Nesting，传统网格嵌套方法

CSM，Conventional Subdomain Modeling，基于 ADCIRC 模式的子域模拟

RAE，Remote Atmospheric Effect，远海大气效应

LAE，Local Atmospheric Effect，局地大气效应

LAC，Local Atmospheric Contribution，局地大气贡献

TMS，Time of the Maximum Surge，最大增水发生时刻

RRA，Resolution Recovery Approach，高分辨率数据重建技术

SSM，Simplified Subdomain Modeling，简化子域模拟